KB105239

이강운 박사의 24절기 생물노트

붉은점모시나비와

곤충들의 시간

Seasons of Insects with
the Red-spotted Apollo Butterfly

이강운 박사의 24절기 생물노트

붉은점모시나비와

곤충들의 시간

Seasons of Insects with
the Red-spotted Apollo Butterfly

이강운 지음

GEOBOOK 지오북

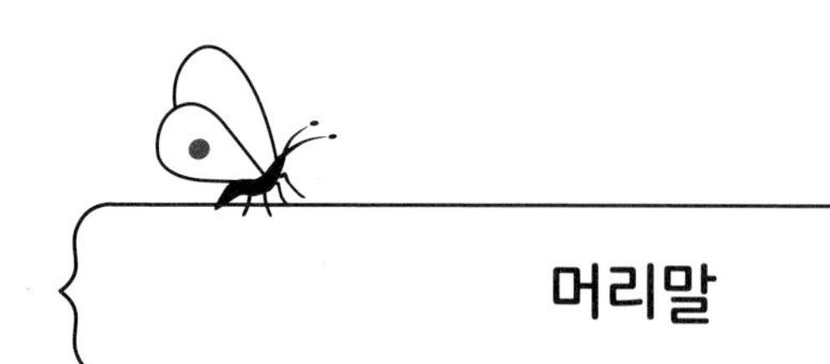

머리말

1997년. 오직 곤충을 향한 동경과 호기심이 발동하여 강원도 횡성 깊은 산, 오지로 이사와 '인생을 송두리째 바꾼' 지 24년. 자연이 흐르는 대로 몸을 맡기면 생명의 숨결을 느끼고 생태의 변화를 그대로 느낄 수 있는 것 같다. 다른 생물들을 가까운 친구처럼 대하고 생물이 해 주는 이야기를 들을 수 있게 되었다. 산중 그러함(自然)이 이미 몸에 배어 도인이 된 듯 착각에 빠지기도 한다.

그러나 산속 생활이 낭만적인 것만은 아니어서 동경과 호기심을 채우는 것 이상으로 일상은 고단하다. 5개월이나 계속되는 긴 겨울에는 일기예보에 발표되지 않는 산속 특유의 폭설과 엄청난 추위가 몸과 마음을 움츠러들게 하고, 여름에는 천둥과 번개 때문에 무서워 몸서리를 친다. 무엇이든지 날려 버릴 것 같은 거센 돌풍과 물난리, 극심한 가뭄 등 자연에 대한 공포를 훨씬 더 강도 높게 받아들여야 한다.

낭만과 일상을 오가며 참 많은 시간이 흘렀다. 문득 세월을 느낀다.

내 아이들의 아이들이 태어나면서 앞날을 걱정하고 있다. 나비가 되고, 나무가 되고 숲이 될 아이들을 숲에서 키울 수 있어야 하는데 하루가 다르게 나무와 숲, 강과 계곡이 없어지고 더러워지고 있다. 미세먼지를 두려워하면서도 나무와 숲을 벨 생각을 하는 사람들도 있고, 코로나 19로 일상이 어수선하고 목숨까지 위험해도 야생생물을 인간 본위로 먹고 마음대로 주무르려 한다. 영원히 썩지 않는 플라스틱이 하루하루가 아닌 시시각각으

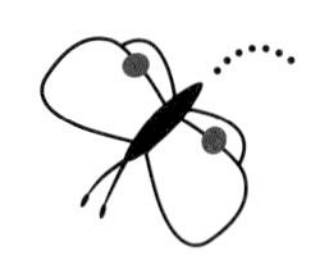

로 지구를 숨 막히게 하여도 다 남의 일이다. 지구의 모든 자원을 바닥까지 모조리 긁어 쓰고 녹색 없는 황폐한 지구에서 아이들은 무엇으로 살아가야 할까?

자원 전쟁이 더욱 더 강도를 더해 산을 잘라 길을 내고, 숲을 망가뜨리고 계곡이 오염되어 그 곳에 살던 생명이 사라지면 그나마 지금 우리가 즐기며 사랑하는 자연은 없어질 것이다. 상쾌한 봄바람을 맞으며 나비를 쫓거나, 눈 내린 산속 장엄한 풍경과 잔설 속에 피어나는 노란 복수초를 볼 수 있을까? 나무와 꽃들 그리고 그 속에서 살아가는 금개구리와 도롱뇽을 아이들이 보지 못해 결국은 생명에 대한 호기심도 머지않아 없어질 것 같아 안타까웠다.

어떻게라도 멸종위기 생물들을 돌보고 서식지 파괴를 막으려 노력하지만 어찌해 볼 도리 없이 계속되는 파괴 상황을 개인적으로 바로 잡아보기에는 힘이 부친다. 희망을 갖고 우선 할 수 있는 일- 자연 속의 바람, 하늘의 색깔과 생물의 소리를 아이들에게 전해주자 생각했다.

시시콜콜 모든 생물을 매일 전하기는 어려우므로 절기를 택했고 곤충을 중심에 두었다. 거의 보름씩마다 마디가 있는 절기를 따라가면 곤충의 행동과 시간의 흐름에 따른 생태계의 변화가 오감으로 직접 와닿아 아주 적절할 것 같았다. 씨를 뿌리고 논을 갈고 벼를 베는 과거 농사력으로 사용됐던 절기이지만 그때에 맞추어 숲속에 들어가면 꽃도 피었고 나비도 날고 새도 노래한다.

절기를 따라 사는 삶은 단지 생태적으로 자연에 맞춰 사는 것 이상 무언가 더 있다. 한참 맹렬한 기세로 추위에 덜덜 떨고 있을 때 봄에 들어섰다는 '입춘'이 되면 추위 속에 웅크리고 있던 봄의 기운을 살짝 느낄 수 있고, 찜통 무더위에 헉헉거릴 때도 가을 언저리라는 '입추'가 되면 서늘한 가을을 미리 짐작할 수 있다. 생뚱맞기도 하고, 시절을 잘못 읽는 것 같기도 하지만 절기는 자연 속에 은인자중하고 있는 다가 올 기운을 예시한다. 절기라는 제한된 환경이지만 숫자로만 인식하는 시간에 비해 자연생태계의 변화를 온전히 느낄 수 있는 시간이라 맞춤형 시간 같았다.

이 책은 2017년부터 2018년까지 '한겨레 환경생태 전문 웹진 물·바람·숲'에 게재했던 '생물학자 이강운의 24절기 생물노트'를 근간으로 구성되었다. 출간 즈음에 맞춰 내용 중 일부 시기를 맞추었고 보완, 추가와 약간의 수정을 하였다.

이 책의 주인공은 곤충이다. 곤충에 관한 이야기지만 곤충이 무얼 먹고 사는지, 어떻게 천적을 피하고 도와가며 치열하게 목숨을 이어가는지를 자세히 들여다보니 곤충과 함께 생태계를 구성하는 식물, 곤충과 엮여있는 뭇 생물들의 생명활동이 자연스럽게 섞이게 되었다. 식물 빠진 곤충 세상이 불가능한 것처럼 사람 없는 생태계도 나사가 빠진 것이라 사람 사는 세상 이야기도 관심을 갖고 관찰하고 기록했다.

24절기의 마디로 나누었지만 전체를 관통하는 줄거리는 붉은점모시나비 이야기이다. 365일을 주기로 살아가는 그들 생활사를 따라가다 보면 절기를 느끼고 계절을 볼 수 있다. 또한 전 세계적인 멸종위기 곤충이기도 하며 빙하기의 흔적을 몸에 지녀 한겨울에 발육, 성장을 하는 유일한 곤충으로 대단히 특별한 생리를 갖고 있다. 게다가 모시같이 반투명한 날개에 동그란 붉은 점이 화려한 붉은점모시나비는 날아가는 자태만으로 고귀함을 보여주는 가장 '나비'다운 나비라 할 수 있으니 그들을 쫓아다닐 수밖에 없다. 믿기지 않는 극한 조건의 삶을 살아가고 있는 생리적 특성 때문에 오랜 기간 유전체 분석에 관한 연구를 진행했는데 곧 좋은 결과가 나올 것 같아 기대를 많이 하고 있다. 멸종위기 곤충을 지키면서 보람이 있었는데 생물자원으로서 가치가 높은 기능성 물질까지 얻을 수 있다니 큰 복이다. 붉은점모시나비가 내게 준 선물이다.

돌 즈음에 엄마라는 말과 동시에 '꽃'이라는 가장 아름다운 단어를 입에 올리며 할아버지를 즐겁게 해준 축복 같은 손녀 혜랑이가 이 책을 읽고 다른 생명들을 걱정하고 환경을 생각하는 '나비' 같은 소녀가 되었으면 참 좋겠다.

홀로세에서 이강운

차례

붉은점모시나비의 생애와 생태

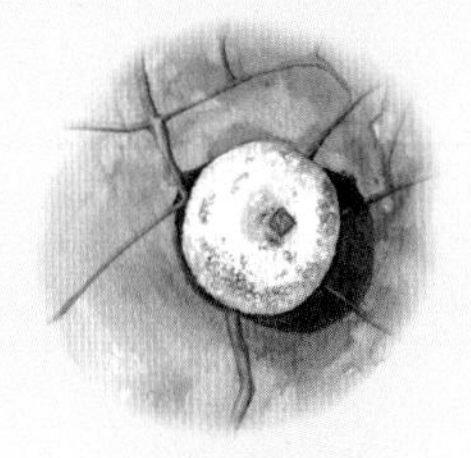

알

무더운 여름을 버티는
올록볼록한 엠보싱
형태의 구조.

알 속의 애벌레

알 속에서 16일 후 애벌레로
발육을 한다. 180여 일을
알 속에서 지내고 가장
추운 겨울에 알을 깨고
나온다.

1령 애벌레

한 겨울에 알에서
부화한다.

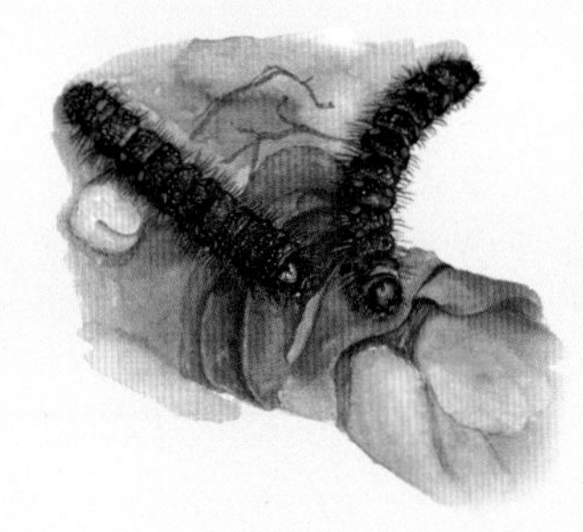

2령 애벌레

80여 일 만에 껍질을 벗고
2령으로 컸다. 1령 애벌레 시기에는
쉽게 보이지 않던 붉은색 원형 점이
뚜렷하다.

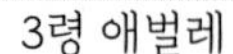

3령 애벌레

2령에서 10일 만에 3령 애벌레로
성장했다. 붉은색 원형 점에 노란 점이
덧대어져 2령 애벌레보다 훨씬 화려하다.

5령 애벌레

4령 애벌레를 지나 마지막 애벌레 시기.
모든 기관을 만들 에너지를 취하느라
가장 왕성한 식욕을 자랑한다.

고치와 번데기

그물처럼 대충 얼기설기 엉성하게
엮은 고치(집)와 그 안에 후일
붉은점모시나비가 될 번데기.

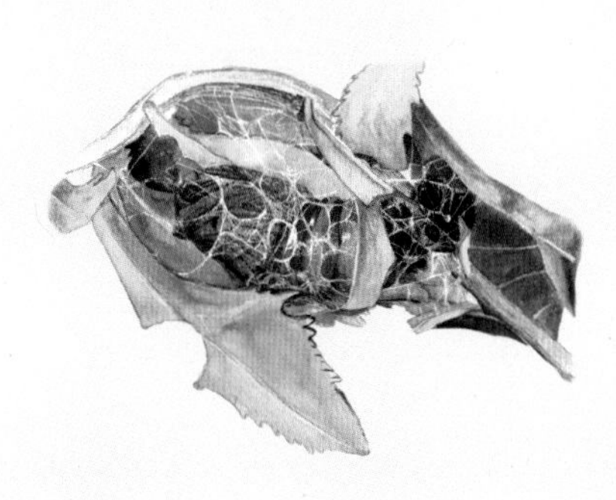

어른벌레

모시같이 반투명한 날개에 동그란
붉은 점이 화려한 붉은점모시나비.
멸종위기 야생생물 1급으로 나풀나풀
날아가는 모습은 우아함 그 자체다.

붉은점모시나비 짝짓기

5월 말에서 6월 초 짝짓기를 한다. 수컷의 파악기(把握器)로 암컷을 꽉 잡는다.

짝짓기 후 마개

짝짓기 한 수컷이 분비물을 내어 암컷의 배 끝에 만든 삼각형 모양의 마개(Sphragis).

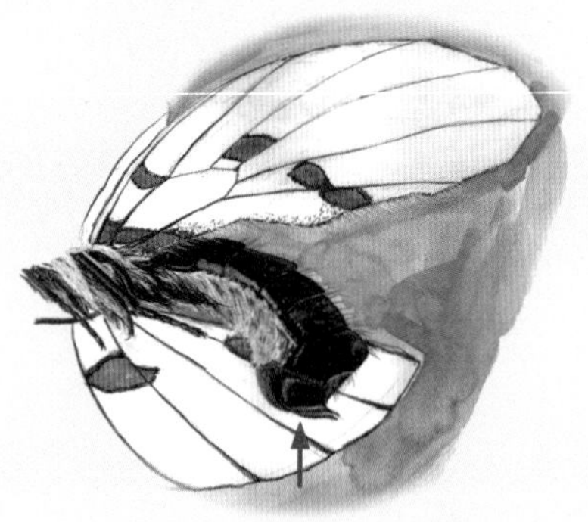

붉은점모시나비 산란

애벌레의 먹이식물인 기린초 뿐만 아니라 주변 돌, 낙엽 등 알을 붙일 수 있는 곳이면 어디든 알을 붙인다.

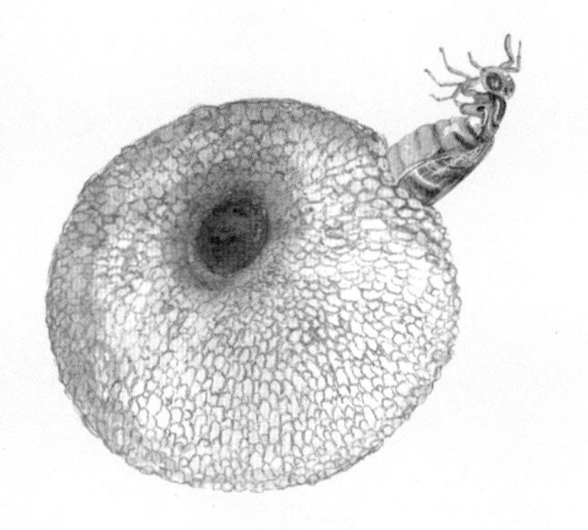

붉은점모시나비 알 기생

겨울에 발육과 성장을 하는 특별한 생활사로 천적의 위험을 모면하려 하였지만 기생벌은 피할 수 없다.

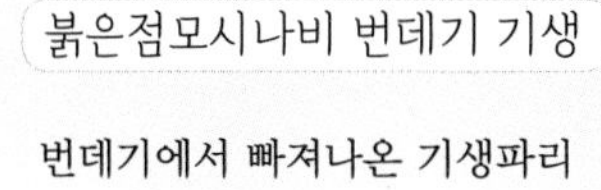

붉은점모시나비 번데기 기생

번데기에서 빠져나온 기생파리

고마브로집게벌레의 알 포식

영양분 덩어리인 알을 선호하는 고마로브집게벌레.

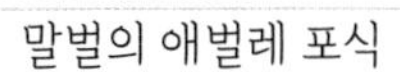

말벌의 애벌레 포식

가장 강력한 포식자인 말벌이 붉은점모시나비 애벌레를 씹어 먹고 있다.

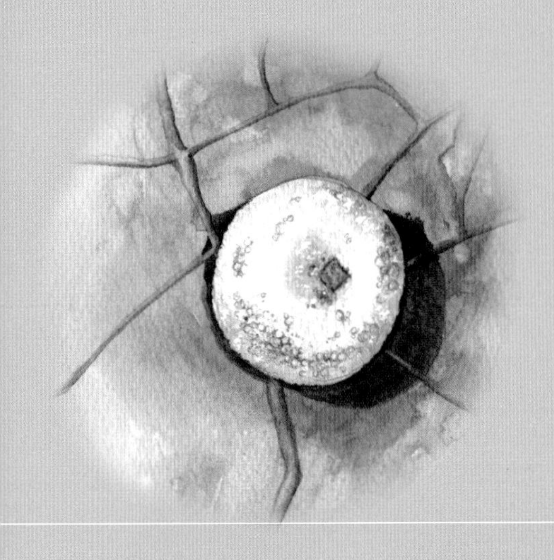

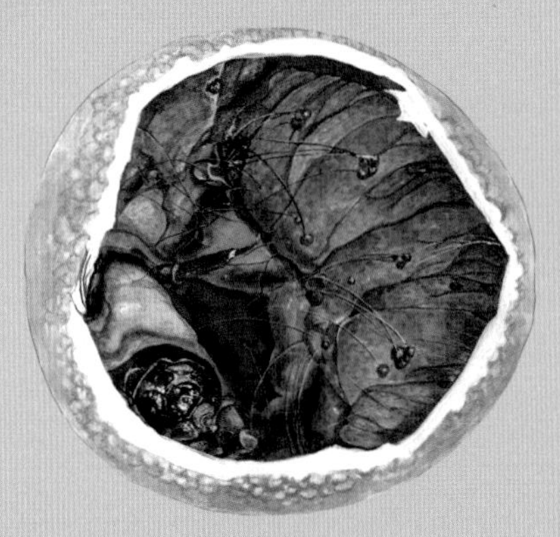

제1부

철모르는 나비의 속사정

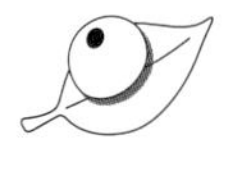

혹한에도 얼지 않는 붉은점모시나비

5일은 일 년 중 가장 추운 절기인 소한(小寒). 2017년에는 '가장 추운 절기'라는 말이 무색하지만 이곳 강원도 깊은 산속 홀로세생태보존연구소 1월의 겨울 한파는 2013년 아침 최저 기온이 영하 27.4℃, 2016년 영하 21.8℃를 기록하는 등 '역대급' 한파를 자랑한다.

엊그제 알에서 부화한, 온 몸에 보송보송한 검은색 털을 지닌 붉은점모시나비(Red-spotted apollo butterfly, *Parnassius bremeri*) 1령 애벌레가 '한파가 뭐지?'라는 듯 나뭇잎 속에서 꼬물꼬물 기어 나와 무심히 기린초 싹을 먹는다. 비록 지금은 까맣고 볼품없는 애벌레이지만 약 170일 후에는 모시같이 반투명한 날개에 동그란 붉은 점이 화려한 붉은점모시나비로 탈바꿈한다. 암컷에게서 더욱 선명하게 보이는 붉은 점은 마치 새색시의 연지곤지처럼 곱고, 모시 옷 휘날리듯 나풀나풀 날아가는 모습은 우아함 그 자체다. '나비'라는 이름이 나풀나

∧ 붉은점모시나비 1령 애벌레
∨ 암컷 붉은점모시나비

풀 날아가는 나비 모습에서 따온 이름인데, 날아가는 자태만으로 고귀함을 보여주는 붉은점모시나비야말로 가장 '나비'다운 나비라 할 수 있다. 게다가 5천만 원짜리 나비로 귀하신 몸이다.

하지만 5천만 원은, 멸종위기 야생생물 I 급인 붉은점모시나비를 취미삼아, 재미 삼아 잡는 몰상식한 사람들에게 내리는 벌금이다. 인위적 압력으로 살 곳을 잃고, 기후변화로 목숨이 벼랑 끝에 달려 있는데, 게다가 잡아서 표본을 만들고 거래하는 행태는 용서할 수 없는 일이다. 알을 가득 품고 대를 이어야 할 붉은점모시나비를 생각하면 오히려 너무 싸다.

붉은점모시나비 애벌레는 반년 넘게 180여 일을 알 속의 애벌레(Pharate 1st instar) 상태로 있다가 겨울이 시작되는 11월 말에서 12월 초 부화한다. 다른 곤충과 마찬가지로 기온이 오르고 만물이 기지개를 펴는 봄철에 알에서 부화하여 애벌레가 나온다는 통설을 완전히 뒤엎는 생활사(life cycle)다.

2005년 환경부로부터 '서식지외보전기관'으로 지정된 이래 붉은점모시나비 복원을 위한 증식을 시작했지만 지지부진했다. 복원이 아니라 내 손으로 완전히 멸종시킬 수도 있을지 모른다는 팽팽한 긴장감으로 끌탕을 하고 있었다. 그러던 중 2011년 12월 영하 26℃ 혹한에 어슬렁거리는 애벌레를 우연히 관찰하고 기가 막혔다. 겨우 50여 개의 알밖에 없는데 철모르고 알에서 일찍 나온 놈까지 있으니. "이 추운 겨울에 나비 애벌레가 움직이고 있다니! 결국 얼어 죽겠지" 하는 안타까움과 "그렇게 상황 판단 못하니 멸종되는 거지"라고 혼잣말을 했다.

조심스럽게 건져 추위를 막아 주기 위해 두텁게 잎을 넣어 주고 살아 주기만을 기원했다. 그런데 다음 날, 그 다음날 계속해서 밖에 돌아다니며 움직이는 애벌레 숫자가 늘어나는 걸 보면서 뭔가 이상하다 싶었다. “뭘 먹을 것은 있는지?” 자세히 보니 손톱 끝만큼 나온 여린 기린초 싹을 조금씩 먹고 있는 게 아닌가. 곤충들의 먹이인 식물과 식물들의 수분을 도와주는 곤충의 먹이사슬 공생 타이밍이 맞아 떨어졌다. 그러면 혹시 겨울에 살 수 있는 어떤 월동 시스템이 있지 않나 하는 가설을 세울 수 있었다. 그 전에는 아예 겨울에 활동할 것이라는 생각 자체를 못하고 봄이 될 때까지 보관만 하고 있었으니 부화한 애벌레가 먹을 게 없어 굶주려 죽었던 것이다. 알에서 부화하는 모든 애벌레가 먹을 수 있는 먹이 공급을 하면서 2011년 개체수가 폭발적으로 증가하였다.

붉은점모시나비 증식을 시작하고 7년이 되던 2012년, 개체수가 충분히 확보된 후 실험을 시작했다. 과연 몸이 얼지 않고 계속 활동할 수 있는지, 어느 정도까지 버틸 수 있는지, 얼지 않는 가장 낮은 온도(supercooling point)를 알아보고자 실험을 하였다. 애벌레는 영하 35°C의 혹한에도 살아남았고 알은 심지어 영하 47.2°C까지 버틸 수 있는 항동결 물질이 들어있었다. 붉은점모시나비 애벌레는 체온을 유지시켜 주는 발열 조끼를 챙겨 입은 셈이었다. 다른 나비목 애벌레에도 몸속의 수분이 얼음 결정이 되지 않도록 막는 물질이 들어있지만 버틸 수 있는 온도가 배추좀나방 영하 12°C, 파밤나방 영하 7°C 등 붉은점모시나비에는 미치지 못했다. 붉은점모시나비야말로 진정한 한지성(寒地性) 나비라는 증

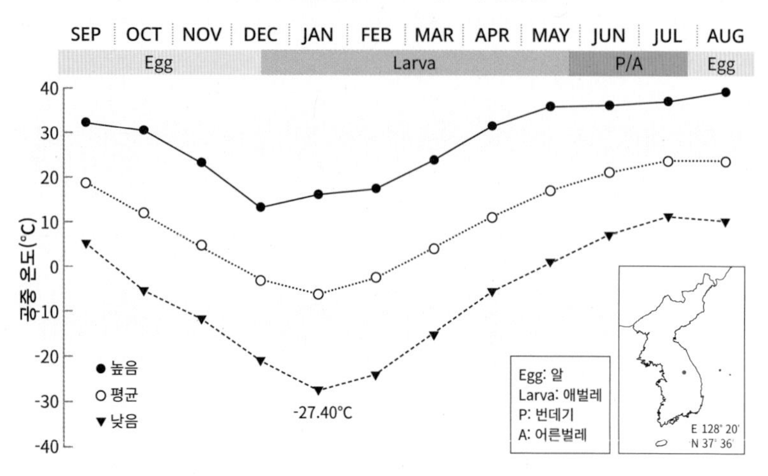

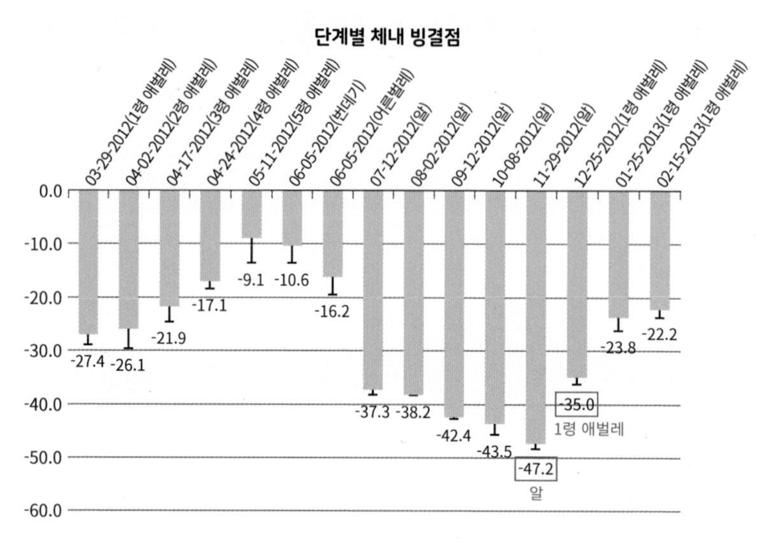

∧ 2012~2016년 연구소내 최고, 최저, 평균 온도
∨ 단계별 체내 빙결점(supercooling point)

거를 찾는 순간이었다.

올해도 어김없이 한 겨울에 알에서 깨어났고 첫 애벌레는 겨울 햇살이 따사로운 정남향의 양지쪽에서 여린 기린초 싹을 먹으며 느리게 자라고 있다.

영하 20℃를 오르내리는 강추위도 아랑곳하지 않고 붉은점모시나비들은 그들의 숙명이라 여기는 추위와의 전쟁에 과감히 뛰어들어 생을 이어가고 있다. 아니, 해 짧은 겨울을, 혹한을 즐기고 있다. 전 세계적인 멸종위기 곤충인 붉은점모시나비는 단순히 겨울을 나기 위해 생육이 정지된 휴면 형태의 '냉동 동물'이 아니라 한겨울에 발육, 성장을 하는 유일한 곤충이다. 내 눈 앞에서 오랫동안 직접 보고 있으면서도 현실적이지 않고 믿기지 않는 극한 조건의 삶을 살아가고 있다.

서식지외보전기관이란?

환경부에서는 서식지내에서 보전이 어려운 야생 동·식물을 서식지외에서 체계적으로 보전, 증식할 수 있도록 야생 동·식물의 '서식지외보전기관'을 지정하고 있다. 야생 동·식물은 기본적으로 서식지(자생지)에서 보전하는 것이 최우선이지만 서식지 파괴, 밀렵 등의 남획으로 우리나라 고유의 많은 야생종들이 서식지에서 멸종하였거나 멸종위기에 처하게 되었다. 이에 따라 멸종위기에 처한 야생 동·식물의 보전 번식은 물론 궁극적으로 자생지 복원을 위한 체계적인 대책을 추진했다. 보전가치가 높은 야생 동·식물 종의 멸종을 방지하기 위한 사전예방체계로 '서식지외보전기관' 제도가 도입되었으며 2020년 1월 현재 (사)홀로세생태보존연구소, 서울대공원 등 26개의 '서식지외보전기관'이 있다.

(사)홀로세생태보존연구소는 2005년 9월 28일 멸종위기에 처한 곤충종 보전을 위해 한국에서 처음으로 환경부로부터 곤충 분야 서식지외보전기관으로 지정되었다. 붉은점모시나비, 애기뿔소똥구리, 물장군, 물방개, 금개구리 등 멸종위기 야생생물의 종 보전을 위한 분류, 생태 연구와 원 서식지나 서식 가능 지역에 방사를 진행함으로써 생태 복원을 지속적으로 시도하고 있다. 또한 이들 멸종위기 곤충의 유전체 분석을 통한 유용 물질을 추출하여 종의 효율적 보전을 위한 기초 자료를 구축하고 있다.

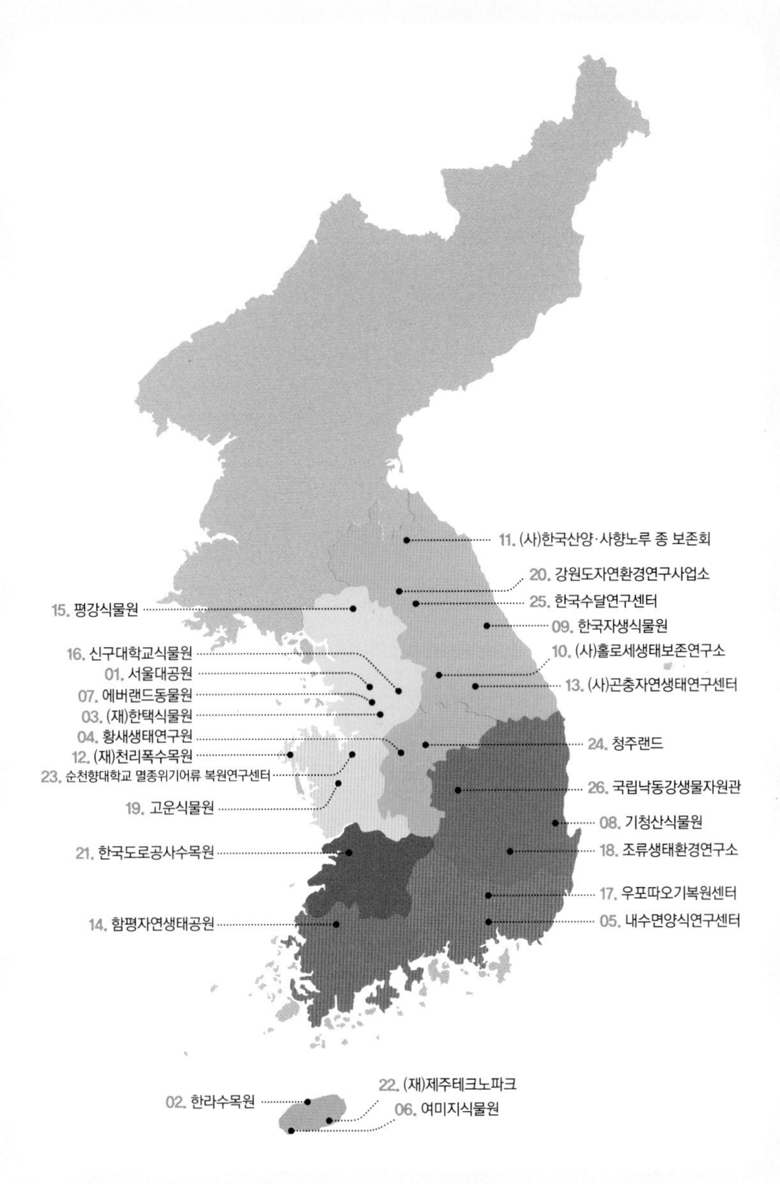

∧ 한국의 서식지외보전기관

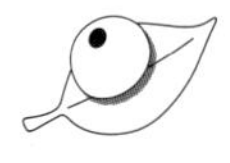

빙하기의 흔적을 간직한 살아있는 생물 화석

붉은점모시나비의 생물학적 가치를 연구하다

20여 년 강원도 깊은 산속에서 살다 보니 문득 도인이 된 듯 자연이 흐르는 대로 몸을 맡기면 생명의 움직임과 자연의 변화를 그대로 느낄 수 있는 것 같다. 달은 너무 길고, 날은 너무 짧아 맞추기 힘들지만 거의 보름마다 마디가 있는 절기를 따라가면 흐르는 시간이, 바뀌는 생태계가 오감에 와닿는다. 그 때에 맞추어 숲속에 들어가면 꽃도 피었고 나비도 날고 새도 노래한다. 몸이 근질근질해 창밖을 내다 보다 계곡으로 나가면 꽁꽁 얼어붙어 있던 물속 깊은 곳 얼음 밑으로 물 녹는 소리가 들리며 해빙이 멀지 않음을 알 수 있다. 귀 기울이면 개구리 울음소리가 들리고, 나뭇잎 떨어지고, 눈 오는 소리도 들린다. 말똥가리가 나타나고 검은등뻐꾸기 울음소리 요란한 시점도 대략 그 때, 그 절기쯤이다.

1월 20일은 24절기를 마무리하는 마지막 절기로 대한(大寒)

^ 눈 덮인 홀로세생태보존연구소 전경

이다. 한파주의보가 내리고 춥다. 가장 춥다는 소한을 따뜻하게 보낸 게 아쉬운지 영하 15~17℃의 맹렬한 추위가 며칠째 계속되고 있다. 절정인 한파에 날선 칼바람까지 불어 몸으로 느끼는 온도는 족히 영하 30℃는 되어 맨살이 나와 있는 모든 부분은 베인 듯 따갑고 바람이 불 때마다 뼈와 뼈가 부딪혀 덜덜덜 소리를 낸다. 추위와 함께 온 깨끗한 눈 덮인 흰색 비단길을 찬바람을 맞으며 걸어본다. 연구소 길 끝, 넓고 새하얀 눈밭이 깨끗한 하늘의 햇빛을 받아 눈부시게 반짝이고, 고요와 생명력을 품고 있는 깊은 자연 앞에서 추위로 흐릿했던 정신이 맑아진다.

지저분했던 땅 위의 많은 것들을 감추어 주는 백설은 아름답기도 하지만 땅속에서 겨울을 나고 있는 식물을 비롯한 많은 생명에겐 온도와 습도를 유지시켜 주는 포근한 이불이 되기도 한다. 옷을 두껍게 껴입고 보온을 하거나 해바라기를 하며 몸을 덥힐 수 있는 인간과는 달리 그 자리에서 버틸 수밖에 없는 생물들에겐 쌓인 눈은 매서운 추위를 이겨낼 수 있는 보온 덮개로 고마운 존재다.

언뜻 보면 너무 춥고 꽁꽁 얼어서 아무것도 살아 움직이는 것이 없어 보였지만 눈이 녹자 산괴불주머니와 서양민들레는 이미 파릇파릇하다.

모든 생물이 조용히 몸을 사리는 시련의 계절이지만 절기를 따라가며 자연의 표정을 들여다보면 대한은 가장 어둡고 짙은 회색의 동지에서 반환점을 돌아 조금씩 색을 바꿔 푸른빛이 감도는 때이기도 하다. 겨울 한복판에서 붉은점모시나비 애벌레가 독불장군처럼 느긋이 혹한을 즐기며 쑥쑥 자라고 있다. 겨울에만 열리는 강원도 인제, 화천 축제도 추워야 제 맛이 나지만 추워야만 기를 펴는 붉은점모시나비는 빙하기 생

왼쪽 산괴불주머니. 오른쪽 서양민들레

태계의 비밀을 300만 년 동안 간직한 '빙하기 생물 화석'이라 할 수 있다. 얼음으로 뒤덮여 거의 모든 생물이 멸종한 빙하기를 거치고도 살아남은 그린란드의 사향소나 옐로우스톤의 아메리카들소처럼 영하 50℃ 안팎의 가혹한 환경을 견뎌낸 멸종위기 생물로, 국제자연보호연맹(IUCN), 멸종위기에 처한 야생동식물의 국제교역에 관한 협약(CITES)에서 특별히 보호 받고 있다.

붉은점모시나비는 생물학적 가치뿐만 아니라 심미적 기준에서도 타의 추종을 불허하는 특급 대접을 받고 있다. 'Red-spotted apollo butterfly', 그리스 신화에서 태양의 신인 아폴로의 나비라는 호칭으로 불리고 있으니! 보통 곤충은 벌레라는 이름으로 뭉뚱그려 하찮게 천대받는 존재인데, 얼마나 멋지면 태양의 신으로 대접 받을까?

붉은점모시나비의 알은 반년 조금 넘게 180여 일을 알 속의 애벌레(Pharate 1st instar) 상태로 있다가 한겨울이 시작되는 11월 말에서 1월 초에 알에서 나온다. 겨울에 살 수 있는 월동 시스템을 확인하고 알부터 실험을 시작했다. 알 속에서 꿈틀거리는 물체를 확인하고 알 속 상황을 알아보기 위해 매일 메스와 핀셋으로 알을 잘라 고해상도 현미경, 전자현미경(COXEM. EM-30)으로 촬영, 관찰하였다. 3번의 반복 실험으로 9일 만에 소화기관, 14일에는 눈, 16일째는 단단한 머리와 더듬이, 움직일 수 있는 가슴다리 3쌍, 배다리 4쌍, 항문다리 1쌍 등 모든 기관이 형성되었다. 조건만 맞으면 언제든 움직일 수 있는 애벌레로 발육하였고, 알 속의 애벌레라는 특별한 형태로 180여 일을 지낸다는 사실을 2016년 초에

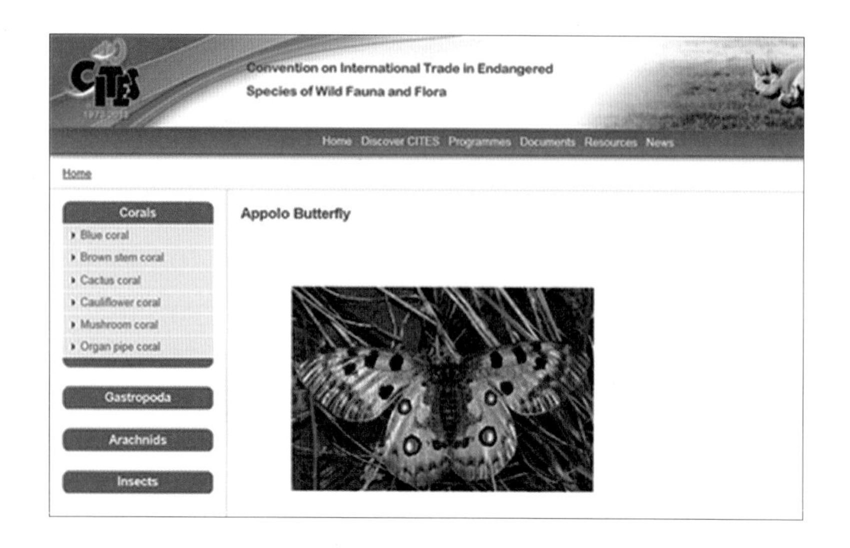

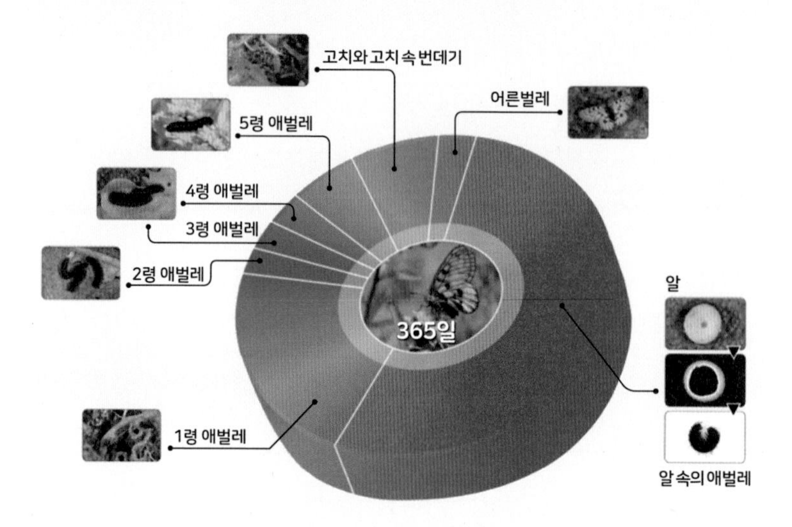

∧ 멸종위기에 처한 야생동식물의 국제교역에 관한 협약(CITES)에 의해 보호받는 붉은점모시나비

∨ 붉은점모시나비의 생활사.

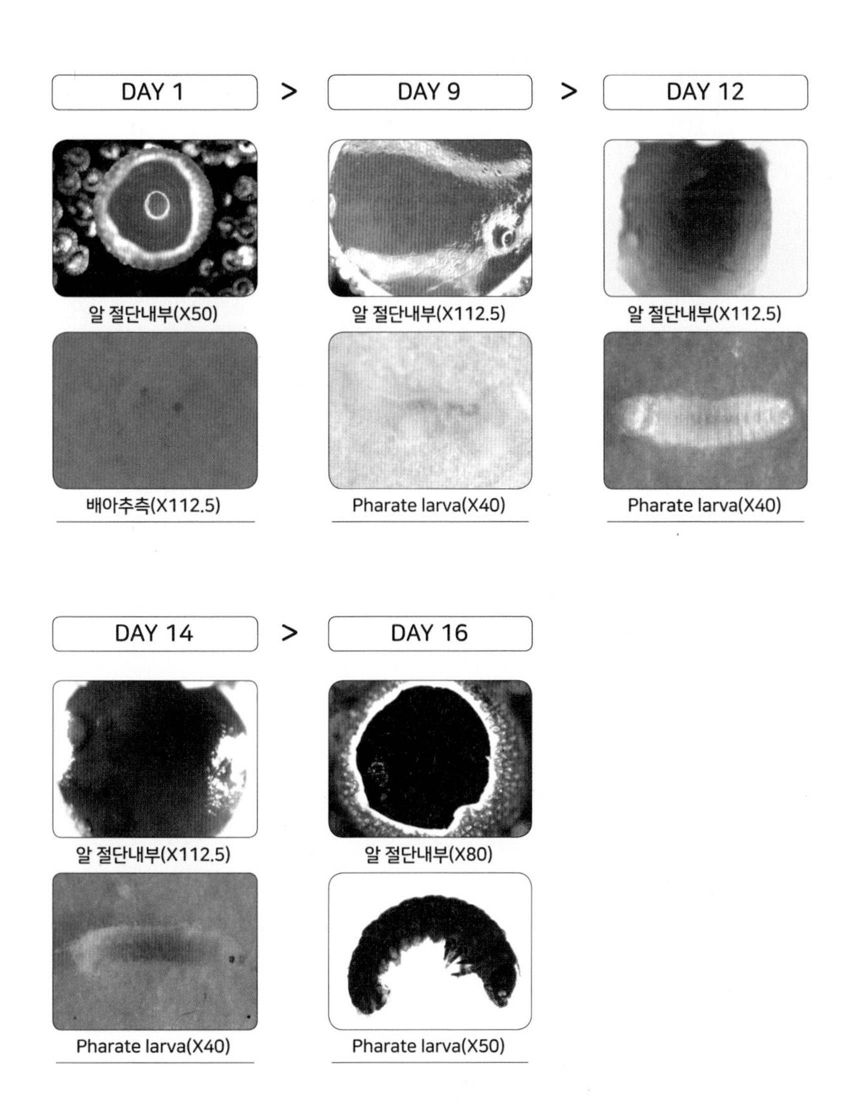

∧ 붉은점모시나비 애벌레의 알 속에서 발육 과정

알아냈다.

왜 알이 아니고 애벌레로 그 오랜 시간을 좁디좁은 알 속에서 웅크리고 여름잠을 잘까? 부화 기간이 길어지면서, 붉은점모시나비의 알은 몇 달 동안 지속될 더위나 가뭄 때문에 발육하지 못할 상황을 대비해 미리 몸을 만든 후 버티는 작전을 사용하는 것으로 보인다. 온대지역에 서식하는 거의 모든 나비들은 추운 겨울을 대비한 월동 시스템을 가동하지만 붉은점모시나비는 무더운 여름을 버티기 위한 하면(夏眠) 시스템을 가동하고 있는 셈이다. 영하 50°C의 혹한에 적응된 붉은점모시나비가 40°C가 넘나드는 여름의 건조하고 무더운, 고문과도 같은 날씨를 피하기 위한 진화였을 것으로 생각한다.

어떤 생물이 무엇을 먹고 사는지, 천적을 피하고 이용하기 위한 진화적 과정이나 이러한 과정을 통해서 어떤 생리적 물질을 만드는지, 어떤 장소에 사는지 등 생물의 생활사를 완벽하게 알아내는 것은 생물학자에게도 매우 힘든 일이다. 그것을 일반적으로 설명하는 규칙을 찾아내는 것은 말할 것도 없다.

붉은점모시나비 연구가 계속되면서 단계가 높아지는 재미를 느꼈다. 처음 연구를 시작할 때는 멸종위기종이라 너무 조심스럽고 어려워 어떻게 접근을 해야 하는지 엄두가 나지 않았다. 하지만 사육, 관찰, 실험이 일상이 되어 연구가 꾸준히 계속 진행되며 새로운 사실을 발견할 때마다 스스로 환호하곤 했다. 어려움이 닥쳐도 중단하지 않고 끈질기게 매달려 기초적인 정보를 확보한 다음에는 한국환경산업기술원의 '멸종위기종 붉은점모시나비의 내동결 물질규명 및 서식밀도 변화 예측기법개발' 이란 과제를 3년간 수행 하면서 집중적인 심층 연구를 할 수 있었다. 아직 갈 길은 멀지만 생명 현상을 이해하고 생태계 구성 원리를 알아가는 창조적 즐거움을 느낀다. 생물학적으로도 중요하고 자원으로서도 가치가 높으며 무엇보다 아름다운 곤충인 붉은점모시나비를 곤충학자로서 연구하게 된 일도 굉장히 큰 행운이다.

빙하기 때 한반도에 붙어 있었던 일본이지만 일본에는 붉은점모시나비가 없다. 뒷날개의 선명한 붉은색 원형 점이 마치 일본 일장기와 비슷하여 갖고 싶은 생물이었을까. 2004년 5월 강원도 삼척에서 멸종위기종이며 국제적인 CITES(Convention on International Trade in Endangered Species of Wild Fauna and Flora ; 멸종위기에 처한 동·식물 교역에 관한 국제협약) 종인 '붉은점모시나비'를 일본으로 밀반출하려다 적발된 사건이 있다. 보전지역에서도 겁도 없이 행해지는 일본인들의 밀반출이니 다른 지역에서는 얼마나 많은 생물들이 일본인들의 전리품으로 수난을 당하는지 알 길이 없다. 일본의 고약한 수탈사가 생물에게도 행해지고 있다. 역사의식도, 윤리적 사고도 없는 일본인들이 밉다. 영화 '귀향'에서 위안부 할머니의 영혼이 한 마리 나비가 되어 하늘을 나는 마지막 장면이 떠오른다. 가슴 아프다.

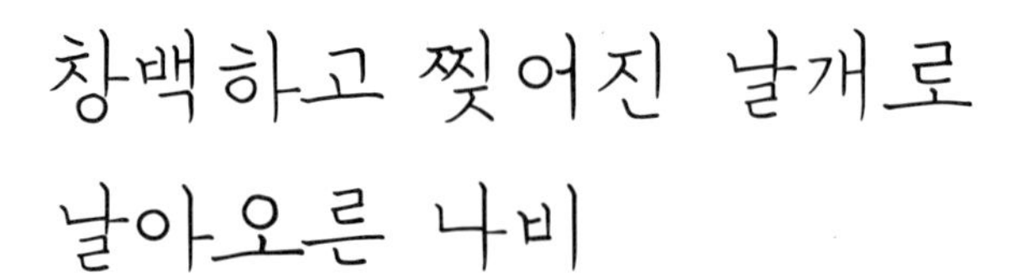

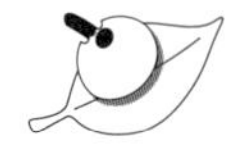

나비로 겨울을 나고 봄을 맞이하다

겨울 끝자락인 입춘(立春) 즈음에 몰아친 만만치 않은 강추위와 폭설로 가장 겨울다운 시기를 보내고 있다. 아직은 겨울로 메마른 들판의 갈색과 주변의 흑백이 더 황량하게 다가온다. 불과 며칠 전만 해도 끝장 추위로 실내에서 꼼짝달싹 못 하던 그때 비하면 많이 누그러졌지만 아직 봄 내음 가득한 봄은 아니다. 옷깃 사이로 스며드는 한기 때문에 몸도 마음도 움츠러들지만 때때로 불어오는 매서운 칼바람에도 아랑곳없이 꿈틀대는 생물들이 있다.

계절의 변화와 철이 바뀌어 봄이라는 것을 알리는 데 입춘만큼 어울리는 날이 없다. 이 무렵이 되면 오랜만에 낮 기온이 영상으로 돌아오면서 어김없이 절기가 이름값을 한다. 곤충에 딱 꽂혀 연구소를 열고 벌레에 몰두한 지 24년이나 되었지만 이때쯤 들로 산으로 곤충 마중하는 일은 아직도 설렌다.

자연에 가까이 다가가면 미리 온 봄을 만날 수 있다. 숲속 어딘가에서 추운 겨울을 나느라 온몸을 웅크리고 낙엽 밑에서 월동하던 네발나비와 뿔나비가 한낮 영상의 기온으로 잠깐 따뜻해지자 햇볕을 쬐느라 외출했다. 잔설 속에서 갈색 낙엽에 몸을 기대어 위장하고 앉아 양지바른 곳에서 일광욕하며 체온을 올리는 모습을 보면 봄이 아주 멀지 않은 것 같다.

낙엽 속에서 뭔가 부스럭부스럭하더니 날개가 백지장처럼 창백하고 하얗게 낡아빠진 각시멧노랑나비가 날아오른다. 그 고운 노란빛은 어디로 간 것인지, 날기도 버거워 보이는 찢어진 날개는 겨울이라는 큰 고비에 대항해 죽을힘을 다해 버티고 있는 모습이다. 아직 겨울인데 각시멧노랑나비를 만나볼 수 있다니 반가우면서도 걱정이 된다. 완전한 봄이 올 때까지 푹 자고 에너지는 최대한 아껴두었다가 봄이 되면 짝짓기에 온전히 다 써야 할 텐데…. 곤충은 변온동물이라 외부 온도가 상승하면서 체온이 올라가 저절로 따라 움직일 수밖에 없다. 각시멧노랑나비도 부쩍 올라간 온도를 주체 못 하고 잠시 겨울잠에서 깨어난 것이다.

많이 받는 질문 중 빠지지 않는 것이 "나비는 혹은 곤충은 얼마나 살아요?"인데, 종류마다, 또 같은 종 안에서도 어느 계절에 나오느냐에 따라 수명이 달라질 수 있으니 정말로 다양한 삶을 사는 분류군(생물종)이다. 가을에 어른벌레가 되는 가을형 네발나비는 어른벌레 상태로 겨울을 보내고 이듬해 봄까지 활동하니 어른벌레 수명이 여섯 달은 되는 셈이다. 각시멧노랑나비는 6월께 어른벌레가 되어 월동한 후 다음 해 짝짓기할 때까지 약 10개월을 산다. 네발나비나 각시멧노랑나비 등은 겨울이라도

∧ 눈 밭의 낙엽 위에서 햇볕을 쬐는 네발나비
∨ 왼쪽 창백한 날개로 겨울을 나는 각시멧노랑나비. 오른쪽 봄철의 각시멧노랑나비

일시적으로 기온이 급상승하거나 일조량이 많아질 때, 즉 한낮 기온이 5℃ 이상이 되면 반짝 활동하는 나비로 개월 수는 조금 차이가 나지만 긴 겨울을 견뎌온 한 살배기들이다.

춘래불사춘(春來不似春). 봄이 왔다는 데 봄 같지는 않은, 한겨울도 봄도 아닌 계절이지만 입춘쯤에 돌발적으로 볼 수 있는 각시멧노랑나비나 네발나비는 우중충한 겨울의 기운을 대신할 자연의 선물이다. 입춘은 낮과 밤의 길이가 바뀌기 시작하고 생명 가득한 가슴 벅찬 봄의 세상을 미리 살짝 보여준다. 사계절이 다 아름답지만 봄이 가까운 이때쯤 생명의 꿈틀거림을 보며 한층 더 따뜻하고 낙관적이 된다.

붉은점모시나비의 애벌레가 영하 35℃까지 버틸 수 있는 항동결 물질을 장착하고 겨울에 성장하는 이유는 알겠다. 그러나 알에서 부화하기 전 180여 일을 버텨야 할 시기는 무더운 여름이다. 6월부터 시작해 7~8월에는 40~45℃까지 오르는, 땀이 줄줄 흐르는 몹시 더운 시기다. 인내해야 할 내성 온도 한계가 영하 35℃에서 영상 45℃까지, 거의 80℃에 가까우니 얼마나 고단할까! 추위와 더위 한쪽도 포기해서는 안 되는, 균형을 잘 맞추어야만 생존이 가능하다. 체온이 1℃만 올라도 열이 나고, 2℃가 오르면 펄펄 끓다가 사망에 이를 수도 있는 나약한 인간 입장을 생각하면 실로 어마어마한 온도 차를 극복한다.

더위나 가뭄 때문에 발육하지 못할 상황을 대비해 미리 애벌레로 몸을 만든 후, 알 속에서 애벌레는 항동결 물질로 무장해 겨울을 준비한다. 하지만 외부로부터 가해지는 한여름의 열과 건조를 견디는 내열성은 무엇일까? 가혹한 더위와 극에 달한 추위를 견디는 물질은 서로 어우러지지 않기 때문에 애벌레 몸속에 열을 견디는 메커니즘은 없을 것이다. 이들이 뒤섞인 곤란한 생태를 이해하기 위해서는 '알'을 분석해야 했다.

붉은점모시나비뿐만 아니라 같은 과(family)에 속한 다른 종류의 알을 잘라 전자현미경으로 촬영·관찰하면서 알의 물리적 구조를 비교·확인했다. 붉은점모시나비 알 두께는 100.1μm(0.01cm), 산호랑나비는 5.5μm(0.0005cm), 꼬리명주나비는 10.8μm(0.001cm)로 측정되었다. 붉은점모시나비의 알 두께는 지극히 얇아 보이지만 꼬리명주나비에 비해서 10배, 산호랑나비와 비교하여 20배에 가까운 엄청난 두께다. 게다가 알 외부는 올록볼록 엠보싱 형태의 특별한 구조로 공기를 잡아주는 공기층을 형성하여 쉽게 달아오르거나 식지 않도록 해 준다. 항동결 물질을 지닌 애벌레는 열에 강한 알 속에서 편안히 여름잠을 자면서 겨울을 기다릴 수 있었다. 겨울에 활동하는 애벌레는 항동결 물질로 무장해 추위를 준비하고, 알은 뜨거운 열기를 버틸 수 있는 구조로 여름을 대비하는 두 가지 생존 전략을 갖고 있는 셈이다.

2016년 4월 베를린에서 열렸던 국제생물환경소재은행학회(International Society for Biologycal and Environmental Repositories)에서 붉은점모시나비의 항동결, 항열성 특징을 가진 알에 대한 1차 연구 결과를 포스터로 발표하였다. 그리고 2016년 12월, 6년에 걸친 실험, 연구 결과를 정리하여 『아시아 태평양 곤충학 저널(Journal of Asia-Pacific Entomology)』에 논문을 투고하였다. 2017년 「붉은점모시나비의 글리세롤 조절을 통한 초냉각 능력(Supercooling capacity along with up-regulation of glycerol content in an overwintering butterfly, Parnassius bremeri)」란 제목으로 게재되어 그 동안 베일에 싸여있던 붉은점모시나비의 항동결 메커니즘을 밝혀냈다. 연구할수록 더욱 신비감을 느끼는 특별한 생명체라 2019년 3월부터는 유전체 전체를 해독하는 프로젝트를 진행하고 있다.

∧ 2016년 국제생물환경소재은행학회 포스터를 발표하는 저자

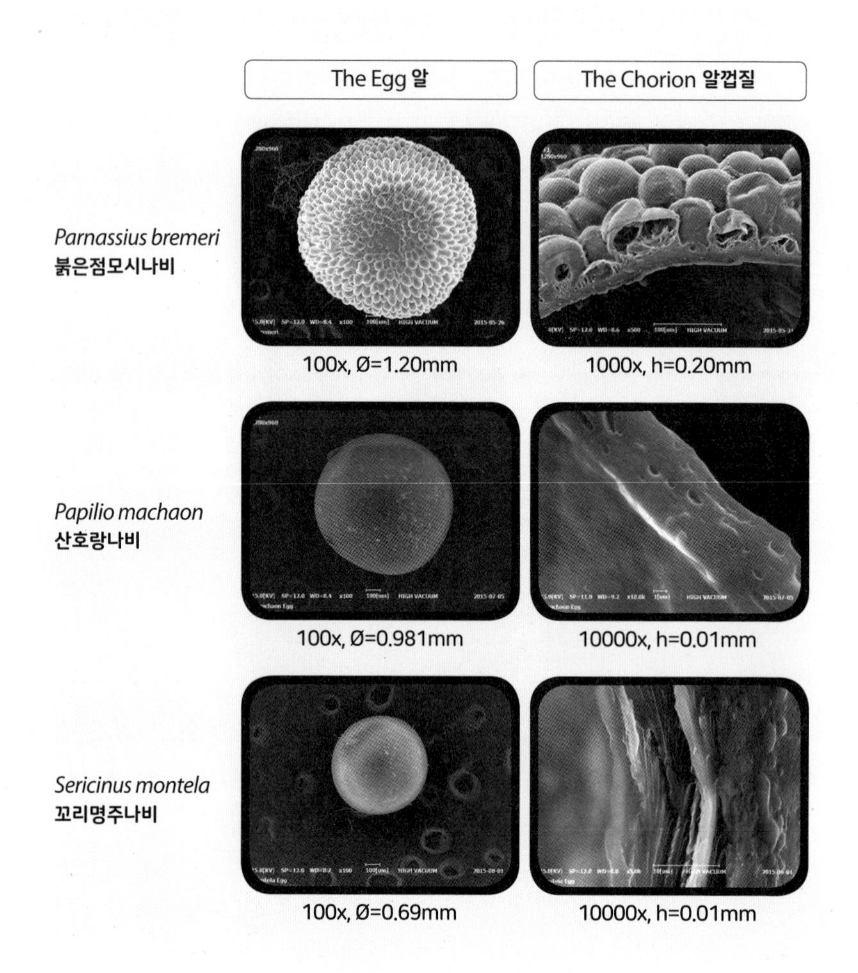

∧ 붉은점모시나비, 산호랑나비, 꼬리명주나비의 알껍질 두께를 전자현미경(COXEM, EM-30)으로 관찰한 사진. 붉은점모시나비 알은 같은 호랑나비과에 속하는 다른 종류의 곤충보다 더 크고 알껍질 두께가 단연 두껍다.

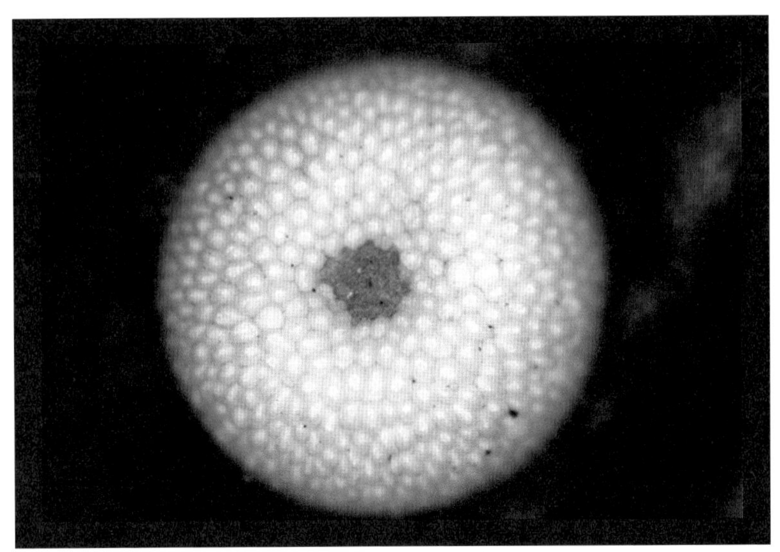

∧ 붉은점모시나비의 알을 50배로 확대한 전자현미경 사진. 두껍고 올록볼록 엠보싱 형태로 더위와 추위에 강한 특징을 보여준다.

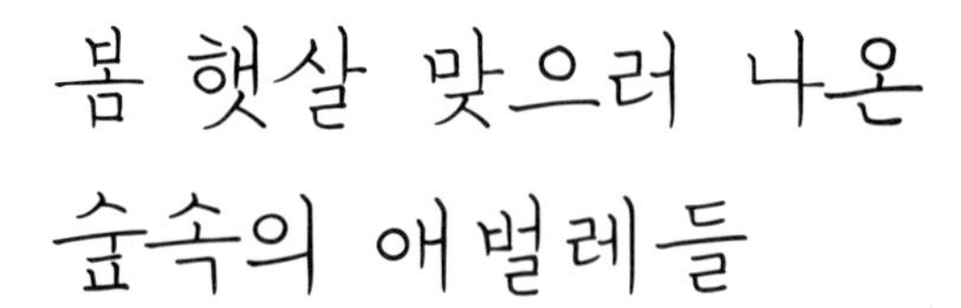

봄 햇살 맞으러 나온 숲속의 애벌레들

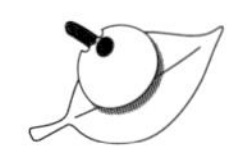

겨울잠에서 깨어나 숨을 고르다

따가운 찬바람은 어느덧 기분 좋은 부드러운 바람으로 바뀌어 얼굴을 간질인다. 얼굴에 부딪히는 체감 온도로는 봄이다. 여전히 아침, 저녁으로는 영하의 기온에 추위가 완전히 가시지는 않았지만 성큼 봄이 오고 있다. 아직 녹지 않은 하얀 눈을 배경으로 생강나무 가지 끝에 맺힌 연둣빛 꽃눈이 꿈틀거리며 생기가 넘친다. 산속에 흩어져 자라는 생강나무는 봄을 가장 먼저 알리는 식물로 꽃과 가지를 잘라 문지르면 이름처럼 알싸한 생강 향이 난다. 어린싹은 작설차(雀舌茶)라 하여 어린잎이 참새 혓바닥만큼 자랐을 때 따서 말렸다가 차로 마시면 좋다. 하지만 아직 연구소에서는 마셔 본 적이 없다. 어린 생강나무 잎만 먹는 흰띠왕가지나방이나 가두리들명나방 애벌레를 생각하면 내 몸에 좋다고 곤충 밥을 빼앗을 수는 없기 때문이다.

∧ 이른 봄을 알리는 생강나무의 꽃봉오리

2월 18일은 우수(雨水). '봄 눈 녹듯이'란 말이 아직 이곳 산속에서는 이르지만 매서웠던 막바지 한파가 물러가고 있다. 계절마다 풍경이 다르고 절기별로 생물들 사는 모습이 조금씩 차이가 나지만 겨울에서 봄으로 가는 이때야말로 절기 따라 자연의 변화가 확연히 전해온다. 마치 새로운 무엇이 생겨나는 것 같은, 세상 가득한 에너지를 느낀다.

겨우내 얼었던 땅 위의 눈과 얼음이 녹아 질퍽해지고 이맘때쯤 내리는 봄비로 겨울의 건조한 대기가 촉촉해지면서 날이 많이 풀린다는 절기다. 땅을 갈아야 할 이 시기의 물은 중요한 의미를 지닌다. 촉촉하게 적셔진 땅으로 대지가 물을 머금어야 씨앗들이 마르지 않고 생기를 되찾아 싹을 틔울 수 있다. 물이 스며들면서 토양이 좀 물러져야 땅속에서 겨울을 나는 애벌레가 땅을 쉽게 뚫고 나올 수 있기 때문에 물은 모든 생물에게 생명 그 자체다.

계절마다 풍경이 다르고 절기별로 생물들 사는 모습이 조금씩 차이가 나지만 겨울에서 봄으로 가는 이때야말로 절기 따라 자연의 변화가 확연히 전해오는 때다. 마치 새로운 무엇이 생겨나는 것 같은, 세상 가득한 에너지를 느낀다. 우리나라와 같은 온대지방에서 겨울은 뭇 생명에겐 치명적인 생존조건이 된다. 바다나 사막, 높은 산과 강과 같은 장벽을 넘는 일이 매우 위험하긴 하지만 먹이 구하기도 힘들고 저체온으로 활동하기 불가능한 너무 추운 날씨는 온혈동물인 새들에게는 절대 극복할 수 없는 환경 조건이다. 그래서 겨울철새는 따뜻한 곳을 찾아 이동해야 한다. 찬바람 쌩쌩 부는 서산 천수만의 겨울철새를 보고 어떻게 추위를 견딜 수 있나 걱정하겠지만 한반도보다 훨씬 더 추운 시베리아에서 따뜻한 우리나라로 이동해 온 것이므로 안타까워할 필요는 없다.

그러나 멀고도 험하며, 생태적으로도 이질적인 산과 강, 바다와 사막을 건널 자신도, 방법도 없는 곤충은 자신들이 살던 그 공간에 남아 있으면서 혹한의 조건을 견뎌야 한다. 온도가 떨어지고 해의 길이가 짧아지는 늦은 가을부터 곤충들은 영하의 저온을 이겨낼 수 있는 생리적 적응을 시작한다. 체내의 수분 함량을 줄여 세포가 얼지 않게 하거나 체내에 있는 글리코겐 같은 당을 글리세롤 같은 내동결 물질로 전환해 겨우내 몸을 얼지 않고 버틸 수 있도록 무장한다. 기온이 높아지고 해가 길어지면서 겨울 추위가 서서히 물러갈 이 무렵 내동결 물질인 글리세롤을 에너지원인 글리코겐으로 다시 돌리며 월동 시스템을 푼다. 매일 매일 낮의 길이가 길어지면서 조금씩 올라가는 온도나 햇빛의 양이 곤충의 휴면을 끝내기 위한 특별한 자극인 셈이다. 한낮의 기온이 영상 10℃를 오르내리며 따뜻해진 봄 햇살에 꿈틀거리며 외부 세상을 향한 창문 역할을 하는 각종 감각기가 적당한 반응을 시작한다. 길섶으로 잠시 발을 들여 아직 월동 중이나 따뜻한 온도에 살짝 반응하는 곤충 애벌레들을 관찰한다.

카리스마 넘치는 붉은 경계색으로 무장한 지옥독나방 애벌레가 가장 먼저 눈에 띈다. 외형적으로는 복슬복슬한 털이 많아 따뜻해 보이고 아름답지만 독으로 찬 가시 털을 갖고 있어 작아도 무시무시하다. 툭 건드리자 조금씩 몸을 놀린다. 사계절 늘 푸르고 겨울에도 잎을 달고 있는 소나무의 적갈색 줄기에 들러붙어 갈색 몸에 털로 무장한 솔송나방 애벌레도 스며들 듯 살고 있다. 쥐똥나무 잎 사이에 별박이자나방 애벌레 수십 마리가 집단으로 하얀색 실을 내어 커다란 그물 모양의 집을 만들었다. 끈끈하고 탄력성이 좋은 그물로 방어막을 치고 떼 지어 버티는 집단행동을 통해 겨울을 나고 있다.

쥐빛비단명나방은 잎끝과 끝을 동그랗게 말아 잎 전체를 하나의 집으로 만든다. 엉성하지만 몸의 크기에 맞춰 집을 만들고 들어온 햇볕을 가두어 따뜻하고 넉넉하게 이용한다. 바람 막고 천적 막는 은신처였던 집을 겨울 눈바람에도 떨어지지 않게 가지에 실로 꽁꽁 묶어 놓았다. 궁금

∧ 왼쪽 그물 둥지에서 겨울을 나는 수십 마리의 별박이자나방 애벌레. 오른쪽 나뭇가지처럼 위장한 상태로 겨울을 나는 두줄푸른자나방 애벌레
∨ 낙엽 뒤에서 봄 기운을 느끼는 수노랑나비 애벌레

하여 집을 살짝 열어보니 잘 있다. 두줄푸른자나방은 몸을 웅크린 채 겨울을 나는 동안에도 나무줄기 곁가지처럼 뻗어 나간 모습으로 위장하며, 수노랑나비, 왕오색나비 애벌레들은 자신의 모습이 포식자의 눈에 띄지 않게 팽나무 갈색 잎과 하나 되어 숨을 고른다. 완연한 봄이 되어 풀과 나무가 푸르러지면 애벌레도 푸르러져야 살아남을 수 있다. 저마다 온 힘을 다해 겨울을 보내고 찬란한 봄을 기대하지만 과연 얼마나 생존할지는 미지수다.

분명 봄이 아닌데도, 늘 깊은 산속에서 생물과 붙어 지내는 필자는 산중에 심어진 많은 꽃나무와 풀에서 퍼져 나오는 향기를 느낀다. 자연의 속도를 맞춰 천천히 일상을 준비하면서 이 숲에서 생물의 생존을 직접 목격할 수 있는 삶이 풍요롭다. 때때로 까칠한 바람이 빗장을 채워도 봄을 막을 수 없다. 세상이 요동쳐 혼란하지만 자연 생태계는 정해진 대로 무심히 흐르고 있다.

붉은점모시나비는 지금…

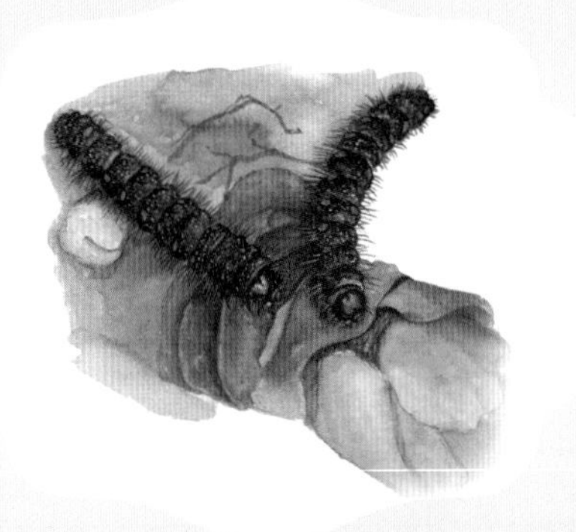

아무것도 살아 있을 것 같지 않고, 모든 생물이 죽은 듯이 몸을 사리는 시련의 계절, 겨울. 12월에 부화해 1령 애벌레였던 붉은점모시나비가 조금씩 기린초를 먹더니 알에서 나온 지 80여 일 만에 껍질을 벗고 2령으로 컸다. 다른 애벌레처럼 에너지를 저장하고 겨울의 추운 조건을 견뎌내는 월동 시스템이 아니라 발육을 한다는 증거다. 1령 애벌레 시기에는 쉽게 보이지 않던 붉은점모시나비의 특징인 붉은색 원형 점이 뚜렷하게 몸 양옆 숨구멍 주위로 띠를 이루어 화려해졌고 크기도 2배가량 커졌다.

크게 자란 몸체에 맞는 많은 양의 먹이를 먹기 위해 더욱 크고 단단한 입틀(또는 구기(口器), mouthparts)를 가져야 하므로 머리도 약 1.3배 컸다. 머리를 제외한 몸통의 껍데기 부분은 아주 딱딱하지 않은 큐티클이라서 신축성이 있고 어느 정도 성장이 가능하나 머리는 딱딱한 캡슐 같아서 자라기 위해서는 완전히 해체될 수밖에 없다. 그러므로 발육 단계를 확인하는 가장 좋은 방법은 머리 크기를 측정하는 일이다.

애벌레 먹이식물인 기린초가 쑥쑥 자라고 입도 커졌으므로 2령 이후부터는 본격적으로 열심히 먹고, 껍질을 벗는 성장 속도에 가속을 붙여 12일 후면 또 한 번 탈피하고, 대략 100일 후면 아름다운 '태양의 신(Red-spotted apollo Butterfly)'으로 탈바꿈할 것이다.

1 껍질을 벗고 2령에 돌입한 붉은점모시나비 애벌레. 특유의 붉은 점이 몸에 나타났다.
2 머리 사이즈 측정

단계별 머리 사이즈(mm)

No	1령 애벌레	2령 애벌레	3령 애벌레	4령 애벌레	5령 애벌레
1	0.58	0.80	1.20	1.83	2.65
2	0.58	0.81	1.25	1.93	2.74
3	0.59	0.84	1.30	1.98	2.75
4	0.57	0.83	1.19	1.9	2.71
5	0.56	0.85	1.24	1.89	2.70
6	0.58	0.86	1.25	1.87	2.72
7	0.62	0.87	1.22	1.97	2.77
8	0.61	0.83	1.22	1.87	2.73
9	0.62	0.84	1.18	1.94	2.75
10	0.60	0.82	1.21	1.95	2.77
11	0.63	0.81	1.30	1.88	2.68
12	0.62	0.84	1.25	1.86	2.62
13	0.62	0.85	1.22	1.81	2.64
14	0.63	0.83	1.21	1.87	2.71
15	0.64	0.81	1.26	1.92	2.73
16	0.58	0.82	1.20	1.88	2.74
17	0.64	0.83	1.24	1.97	2.69
18	0.65	0.84	1.23	1.93	2.71
19	0.59	0.83	1.22	1.87	2.73
20	0.64	0.85	1.24	1.85	2.71
평균	0.61±0.03	0.83±0.02	1.23±0.03	1.90±0.05	2.71±0.04

번데기로 월동하는 호랑나비

임계 온도에 도달하면 발육을 시작하다

갑작스러운 기상이변인양 한밤중에 대낮처럼 환하게 밝힌 번개와 큰 천둥소리에 놀란 시민들이 소방안전본부에 걱정하는 문의 전화를 걸기도 하지만 옛사람들은 이 무렵이면 그 해 첫 번째 천둥이 요란하게 치고, 그 소리를 들은 벌레들이 깜짝 놀라 땅에서 나온다고 생각했다. 오늘은 개구리 입 떨어진 날, 경칩(驚蟄). 봄에 들어선 지 한 달여. 입춘과 우수 그리고 경칩까지, 봄의 전령 3종 세트가 다하니 이제 비로소 봄이다. 널뛰듯 아침, 저녁으로 온도가 오르내려 일교차가 크고 주기적으로 추위와 따뜻함이 반복되면서 사람들의 조급한 마음을 따라주지 못해 꽃을 시샘하는 꽃샘추위라 하지만, 늘 그렇듯 그럴 때다. 기온은 날마다 상승하며 마침내 봄으로 향하게 된다. 따스한 정겨움이 느껴지는 계절. 이미 봄은 왔다.

봄기운이 돋고 초목이 싹트기 시작해 땅을 갈아야 할 이때쯤 농촌은 매우 바쁘다. 동네 주민들은 삼삼오오 모여서 올해 어떤 작물을 심어야 할지 새해 영농 설계하느라 분주하다. 요즘은 곤충과 씨름하느라 산골짜기에서 꼼짝 못해 동네일과 교류가 적은 편이지만, 이사 온 지 고작 2년 반밖에 안 된 나에게 동네 이장을 맡아 달라는 부탁을 받고 겁도 없이 덜컥 이장을 맡았던 때가 2000년. 그때는 마을회관에서 열리는 영농회의에서 주민들과 열심히 소통하며 이장으로서 주민들에게 무엇을 해야 하는지 진지하게 고민했다. 3년 동안 연구소가 아닌 동네일로 헛발질 한 '잃어버린 40대'로 표현하곤 했는데 다시 생각해보니 나름대로 값진 시기였던 것 같다. 동네 어르신들을 스승으로 모시고 이장 일을 어렵지 않게 수행하면서 머리를 맑게 하는 노동의 가치를 알고 자연의 순리에 맞춰 살아가는 방법을 터득했으니. 세월의 마디를 느끼지 못하고 자연의 변화에 무딘 채 도시내기로 40여 년을 살다가 산속 오지의 이장 일을 하면서 때에 맞춰 사는 방법을 자연스럽게 몸에 익혔다.

봄이 오면 사람들만 바쁜 것이 아니다. 겨우내 얼었던 땅을 뚫고 겨울의 기운을 몰아내는 힘 센 봄이 되면 온도가 오르고 바람이 따뜻해지면서 변온동물인 월동 곤충이 가장 민감하게 반응하며 겨울 탈출을 시작한다. 월동 형태는 알, 애벌레, 어른벌레 등 다양하지만 호랑나비과(Papilionidae) 곤충 대부분은 번데기로 월동한다. 화려한 외모와 달리 번데기는 그저 둥그런 몸뚱이로 보이나 몸속에서 어른나비가 갖출 생식기와 날개를 만드는 곤충 생활사에서 가장 극적인 변화가 일어나는 혁명적 시기다. 특별한 방어 전략도 없고 도망할 수도 없어 죽음의 공포로부

∧ 왼쪽 호랑나비의 번데기. 오른쪽 호랑나비. 발육 임계 온도가 되면 번데기 속에서 발육이 시작된다.
∨ 왼쪽 애호랑나비의 번데기. 오른쪽 이른봄에 출현하는 애호랑나비

터 자유롭지 못한 지극히 위험한 월동 방식이지만 대부분의 호랑나비과 곤충이 선택한 방식이다.

어른벌레나 애벌레로 월동하는 종류는 온도가 상승하면서 다소나마 움직임을 관찰할 수 있지만 두터운 껍데기에 싸인 번데기는 과연 어떤 반응을 시작할지 자못 궁금했다. 2008년부터 호랑나비과 월동형 번데기를 대상으로 인큐베이터에서 5가지 온도를 적용해 온도 발육 실험을 통한 기후변화 연구를 수행했다. 번데기 안에서 언제 발육을 시작하는지, 얼마나 많은 시간이 지나야 나비가 되어 나올지에 대한 대답을 얻었다. 번데기 내부 사정을 알게 됨으로써 기후변화에 따라 언제, 어떻게 발생하는지 패턴 예측이 가능해졌다.

우리 인간 귀와 눈에는 아무 것도 보이지 않고 특별한 소리도 들리지 않지만 곤충은 자신들의 통신수단을 통해 외부 상황을 모니터링하기 시작한다. 천천히, 지속적으로 기온이 올라가면서 나뭇잎에, 나뭇가지에, 줄기에, 땅바닥에 은밀히 붙어있던 번데기에 신호가 전달돼 온도에 맞춰 각자 발육을 시작한다.

발육을 시작하는 발육 임계 온도가 12.373℃인 꼬리명주나비 번데기는 엊그제 한낮 기온이 13℃를 넘었으니 아마도 외부 온도 변화의 메시지를 얻어 훈훈한 기운을 타고 몸을 움직였을 것이다. 애호랑나비(8.088℃)와 긴꼬리제비나비(7.945℃)와 호랑나비(10.494℃)는 벌써 우수께부터 발육을 시작했다. 일단 발육을 시작하는 문턱만 넘어서면 속도감 있게 진행한다. 혹한의 조건에서 살아남은 번데기가 꿈틀거리는 그 시간

생체 시계(Biological clock)	Thermal constant 유효 적산 온도(DD)	Low temperature threshold 발육 임계 온도(℃)
Sericinus montela 꼬리명주나비	200.180	12.373
Pepilio xuthus 호랑나비	200.80	10.494
Luehdorfia puziloi 애호랑나비	150.18	8.088
Langia zenzeroides 대왕박각시	109.53	9.734

∧ 왼쪽 꼬리명주나비의 번데기. 경칩즈음 온도가 13℃에 이르면 긴 겨울잠에서 깨어난다.
오른쪽 꼬리명주나비
∨ 왼쪽 생체시계. 오른쪽 기후변화 실험우화대

동안 밖에서는 유채꽃이 피고 지고, 바람이 불다 멈추기를 반복할 것이다.

지난 가을 번데기를 만든 후 약 6개월을 기다리며 끊임없이 외부와 교신하며 발육을 시작했고, 차근차근 쌓인 온도(적산 온도)가 충분해지면 아름다운 나비로 날아오를 것이다. 매일 매일 쌓아 온 온도뿐만 아니라 번데기에서 나비로 탈바꿈할 때쯤이면 기막힌 타이밍으로 애벌레가 먹어야 할 양식인 쥐방울덩굴이나 족도리풀, 산초나무에서 새로 돋은 어린 싹이 그들을 기다리고 있겠지.

아리스토텔레스의 자연 발생설이 통용되던 중세와 근세만 해도 나비는 날씨가 따뜻해지면 하늘에서 뚝 떨어지듯 나타났다가 가을이면 사라지는 '별종'이라 생각했다. 온 힘을 다해 혹한을 견디고 번데기에서 몸을 빼 날개를 다는 고난의 세월을 극복한 후에야 나비가 되는 과정을 전혀 몰랐기 때문에 생긴 오해였다. 온 힘을 다해 무언가를 이루고자 할 때 '용을 쓰다'라는 말을 자주 사용한다. 사슴 머리에 돋은 녹용을 빼내는 특별한 기술을 빗댄 것에서 유래됐다고 하지만, 곤충학자인 필자가 생각건대 한꺼번에 모아서 내는 큰 힘으로 환골탈태(換骨奪胎)하는 용(蛹, 번데기)의 행동학적 특성을 두고 이르는 것이 아닌가 생각한다. 시간이 지나 '어쩌다 어른'이 되겠지만 '어쩌다 나비'는 없다.

붉은점모시나비는 지금…

모든 생물이 몸을 사리는 한겨울에 부화해 1령 애벌레였던 붉은점모시나비가 80여 일만에 껍질을 벗고 2령으로 컸고 다시 10일 만에 3령 애벌레로 성장했다. 몸 양옆으로 띠를 이루던 붉은색 원형 점에 뚜렷하게 노란색 점이 덧대어져 2령 애벌레보다 훨씬 화려해졌다. 머리 크기도 약 0.8mm에서 1.3mm로 1.5배 커졌다. 애벌레는 딱딱한 머리를 제외하고는 비록 큐티클이라고 하나 가슴부터 항문까지는 유연하고 탄력성이 있다. 그래서 애벌레의 주름 접힌 껍질이 확장이 가능하여 머리만 빼고 덩치가 커질 수 있다. 그러나 크게 자란 몸채를 유지하기 위해서는 보다 많은 양의 먹이를 먹어야 균형 잡힌 몸매와 성장을 거듭할 수 있으므로 더욱 크고 단단한 입틀(mouthparts)을 확보하려고 곤충은 필수적으로 탈피한다. 그러므로 탈피는 궁극적으로 더욱 큰 머리 틀을 갖기 위해서라고 할 수 있다. 머리 크기를 측정하는 것은 성장 과정을 확인하기 위한 첫 걸음이다. 붉은점모시나비 사육의 일등 공신인 아내가 먹성이 좋아진 3령 애벌레 먹이인 기린초 화분을 갈아주다가 꿀벌에 쏘였다. 봄을 알리는 벌이라 반가워서 윙윙거리는 꿀벌 소리를 듣고도 '설마 쏠까'하고 방심하다가 제대로 한 방 쏘여 목 주위가 통통 붓는 호된 신고식을 치뤘다. 이젠 완전히 봄이다.

1 붉은점모시나비 2, 3령 애벌레
2 붉은 점이 돋보이는 3령 애벌레

이른 봄의 붉은 나비와 늦은 봄의 흰 나비

적산 온도에 따라 날개를 달다

봄은 '보임'의 준말이라던가. 은밀하게 태동을 준비하던 모든 생물이 불같이 일어나 일제히 활동하는 모습을 쉽게 볼 수 있어 봄이라 했다. 경칩이 천둥소리에 놀라 벌레가 깨어나는 시기라면 춘분은 훈풍으로 모든 생물을 움직인다. 눈에 보이지도 않고 손에 잡히지도 않지만 훈훈한 바람은 잠자는 나무를 깨우고 긴 터널 같은 어둠 속에 웅크리고 있던 생물들에게 빛을 선물한다.

오늘은 춘분(春分). 낮과 밤 길이가 같아져 생물이 자기의 참 모습을 드러내기 시작하는 절기이다. 낮이 길어지기 시작해 새벽 6시면 주위가 훤하다. 우뚝 선 나무에 아직은 앙상한 가지만 있고 숲은 갈색이지만 주변은 점점 푸르러지고, 녹색 속도에 따라 연구소 주변을 산책하는 기분도 함께 상쾌해진다. 그 순간 봄 향기에 취한 꿀벌이 윙윙거리고, 따스한 불 켜지듯

나비가 난다. 영혼과 동의어인 나비(Psyche)는 영적이어서 '절대미' 세계를 맛볼 수 있다.

발밑에서 수컷 노랑나비 두 마리가 날아올랐다. 아직은 몸이 덜 데워졌는지 힘껏 날지는 못해도 서로 뒤엉키면서 하늘 높이 날아 아득해졌다. 옛날 어르신들은 "빨간 나비가 날아다니면 아직 봄이 안 온 것이고, 흰 나비가 날면 진짜 봄이 온 것"이라고 이야기한다. 빨간 나비는 몸 색깔이 전체적으로 붉은 네발나비나 뿔나비, 작은멋쟁이나비 종류를 말하고 흰 나비는 배추흰나비, 대만흰나비, 노랑나비와 같은 흰나비과 나비를 말하는 것이다.

붉은 나비 종류는 어른벌레로 겨울을 나는 반면, 번데기 상태로 겨울을 나는 흰 나비 종류는 적산 온도가 충족되도록 날씨가 따뜻해져야만 어른벌레로 날개를 달고 나온다. 그러므로 일시적으로 기온이 급상승하거나 일조량이 많아질 때 반짝하고 활동하는 네발나비나 뿔나비와는 달리 완연한 봄이 되지 않은 상태에선 흰 나비를 만나 볼 수가 없다. 나비 종류로 진짜 봄인지 가짜 봄인지를 맞추는, 재밌고도 정확한 이야기다.

처음이 아니지만 숲속에 있다 보면 봄은 늘 나무, 바람, 새, 나비가 자꾸 말을 걸어오는 참 좋은 때다. 날은 한결 풀렸어도 강원도의 해발 450m 높은 지대에 자리한 연구소는 아직도 아침저녁으로는 바람이 차가운 겨울이다. 목련과 산수유, 매화와 개나리가 한창이고, 꽃향기 전해주는 남녘의 성큼 다가온 봄을 느끼지는 못하지만 숲은 쌀쌀한 가운데 봄기운이 스며있다. 기어이 봄은 오고 있다.

생강나무의 샛노란 꽃망울이 터지기 시작했고, 목숨 줄 잇는 명이나물이라고도 하는 산마늘이 마늘 맛과 향이 물씬 나는 시퍼런 잎을 꼿꼿이 세우고 봄을 즐기고 있다. 언 땅에 수북이 쌓인 낙엽 사이로 '이별의 슬픔' 같은 상사화가 늦은 삼월의 아침 햇살을 맞고 있다.

돌배나무 껍질을 두드리며 쇠딱따구리는 연신 애벌레를 주워 먹고, 쇠딱따구리를 자세히 보려고 카메라를 당겨보자 돌배나무에 둥지를 튼 쇠박새도 열심히 애벌레 찾기에 나섰다. 마음 바쁜 각시멧노랑나비는 벌써 애벌레가 먹을 식량인 갈매나무에 삐죽하게 생긴 알을 가지런히 낳았다.

독성 때문에 사람들은 식용할 수 없지만 모시나비 애벌레에겐 보물주머니인 산괴불주머니가 막 꽃을 피우고 있다. 같은 모시나비속(屬)이면서도 붉은점모시나비는 기린초만을 고집한다. 같은 집안 내에서도 이렇게 식성도 다르고 생활사를 달리하는 참 까다로운 놈들이다. 황새냉이도 이미 꽃을 피웠으니 십자화과 식물을 먹는 흰나비 애벌레도 곧 나오겠지. 봄바람에 흔들리는 녹색의 잎과 꽃은 벌레들을 꿈틀거리게 한다.

저녁 7시 곤충 채집을 위해 불을 밝히자 북방겨울가지나방, 검은점겨울자나방, 흰무늬겨울가지나방 그리고 보온을 위한 털이 가슴에 수북한 털겨울가지나방이 차례로 인사한다. 저온에 활동한다는 뜻의 '겨울'이 이름에 들어있는 나방으로 딱 이 때쯤 활동하는 곤충이다.

홀로세생태보존연구소 곳곳에 자리한 크고 작은 연못에도 봄은 와 있다. 알 속 올챙이들이 꾸물꾸물 움직이기 시작했고, 도롱뇽 알 꾸러미도

∧ 왼쪽 명이나물로도 불리는 산마늘이 어린 싹을 탐스럽게 밀어올렸다. 봄은 이제 거역하기 힘든 기세로 왔다. 오른쪽 상사화의 어린 싹
∨ 왼쪽 쇠박새. 오른쪽 쇠딱따구리

∧ 왼쪽 각시멧노랑나비가 갈매나무 어린 잎에 알을 낳아 놓았다. 오른쪽 산괴불주머니
∨ 왼쪽 기린초. 오른쪽 황새냉이

연못 가장자리에 자리 잡았다. 새끼 손톱만한 버들치 치어들도 떼를 지어 몰려다닌다. 수온이 5℃를 넘어가자 물가 주변의 수초더미에 몸을 걸고 숨구멍을 밖으로 내어 월동하던 물장군이 서서히 몸을 추스른다.

2016년에는 2월 16일 전후해서 북방산개구리들이 알을 낳았고 2015년에는 2월 17일께 알을 낳았지만, 며칠간 계속된 강추위로 알 전체가 깨어나지 못한 채 죽어버리는 재앙을 맞았다. 연구소 주변에 올챙이 씨가 마르면서 물장군 새끼들을 위해 시기적으로도 딱 맞는 가장 좋은 먹이인 올챙이를 구하러 전국을 헤매었다.

2017년에는 경칩을 지난 3월 12일께부터 북방산개구리가 비로소 알을 낳기 시작해 올챙이가 잘 자라고 있다. 몇 년에 걸쳐 철모르고 괜히 서두르다 일찍 알을 낳고 제 명에 못 살고 전멸한 기억을 학습했기 때문인지 이번에는 철을 맞췄다.

개구리 알이 올챙이가 될 때쯤 물장군은 짝짓기를 하고 알을 낳을 것이고, 다시 열흘쯤 지나면 알에서 첫 번째 애벌레가 깨어날 것이다. 그때쯤 물장군 애벌레가 먹기 좋을 만큼 올챙이도 클 것이다. 올챙이는 물장군 새끼에게는 가장 좋은 먹이여서 그들 삶의 전체라고 할 수 있다. 식성도 까다롭고 기아 상태였던 그들을 키운 지 15년, 생명을 살리기 위해 다른 생명을 담보해야만 하는 사실이 가슴 아프지만 철따라 나타나는 다른 생명으로 먹이를 제공하면서 멸종위기 곤충 물장군의 목숨만을 연장하고 있다.

월동하던 애벌레가 움직이자 쇠박새와 쇠딱따구리가 새끼를 키우기

∧ 왼쪽 불빛에 이끌려 찾아온 흰무늬겨울가지나방. 오른쪽 3월 13일 밤에 불을 켜고 나방을 유인해 채집하는 홀로세생태보존연구소 연구원들
∨ 왼쪽 산개구리가 연못에 알을 낳았다. 오른쪽 꽁무니를 물 밖에 내놓고 겨울잠에 빠진 물장군. 개구리 알이 올챙이로 부화할 때를 맞춰 알을 낳는다.

시작한다. 새순이 나오는 시기와 새로운 생물이 출현하는 철에 맞춰 촘촘한 먹이사슬이 톱니바퀴가 맞물리듯 생태계가 작동하고 있다.

혹한의 눈보라와 한밤의 서릿발을 잘 참아낸 곤충들이 화려한 봄을 맞고 있다. 어른벌레로 월동했던 묵은실잠자리도 잘 버텼고, 번데기로 겨울을 났던 금빛겨울가지나방은 날개를 달고 어른벌레가 되었다. 알로 월동했던 벚나무까마귀부전나비는 껍질을 깨고 첫 번째 애벌레 시절을 시작했다. 금속광택처럼 빛나는 청록색 날개를 가진 금강산녹색부전나비는 알로 겨울을 나고 있다. 수려한 금강산 일만 이천 봉에서 최초의 멋진 이름을 얻은 금강산녹색부전나비가 온 세상을 향해 날갯짓을 하면 꿈에도 그리는 통일의 바람을 일으킬 수 있을 것 같다. 나비 효과로.

중국과 러시아 국경 지역인, 한반도 최북단 두만강에 인접한 함경북도 회령의 지명을 딴 회령푸른부전나비 월동 알도 아직 겨울이다. 함경북도 회령의 지명을 갖고 있어 이름 자체로 향수를 불러일으키는 특별한 종이지만 강원도 영월에서도 '가침박달'이라는 식물을 먹으며 잘 살고 있다.

아직 기록이 없는 북한의 벌레들을 발굴하고, 기록하고, 기억할 수 있으면 얼마나 가슴 벅차는 일일까! 그 날이 멀지 않았으면 좋겠다.

∧ 왼쪽 어른벌레로 겨울을 난 묵은실잠자리. 오른쪽 번데기 상태로 겨울을 나고 어른벌레가 된 금빛겨울가지나방 암컷
∨ 왼쪽 벚나무까마귀부전나비의 월동 알. 오른쪽 벚나무까마귀부전나비의 1령 애벌레

∧ 왼쪽 겨울을 난 금강산녹색부전나비의 알. 오른쪽 금강산녹색부전나비
∨ 왼쪽 회령푸른부전나비의 월동 알. 오른쪽 회령푸른부전나비

붉은점모시나비는 지금…

밤사이 얼었던 물방울이 낮이 되면 녹았다 해가 지면 다시 얼기를 반복하며 좀처럼 봄을 허락하지 않을 것 같던 날씨였는데, 해가 길어지면서 꽁꽁 얼었던 땅이 완전히 녹고 있다. 꽃을 시샘하는 추위가 잠시 겨울의 끝자락을 잡고 있지만 그렇다고 봄이 물러가는 것은 아니다. 입춘에 봄의 기운을 느꼈고, 우수에 땅이 살짝 녹았으며 경칩에 땅속 개구리가 이미 튀어나왔는데 뒷걸음 칠 수는 없다. 밤낮의 길이가 똑같아지는 춘분 이후로는 고개만 살짝 내밀었던 기린초의 싹이 불쑥 올라와 하루가 다르게 쑥쑥 자라고 있다. 해가 진 뒤에도 아직 잔 빛이 남아 있고 그 기운으로 3번째 껍질을 벗은 4령 애벌레가 늦게까지 일광욕을 한다. 풍족하게 먹어 배 부르고 충분히 햇볕 쬐니 등 따습다. 이제 속도를 더 해 마지막 애벌레 시기를 향해 줄달음 친다. 겨울에 발육과 성장을 하는 특별한 생활사 덕분에 천적의 위험에서 상당 부분 벗어날 수 있으므로 그들에게 혹한은 축복이었다.

∧ 4령 애벌레와 불쑥 올라온 기린초

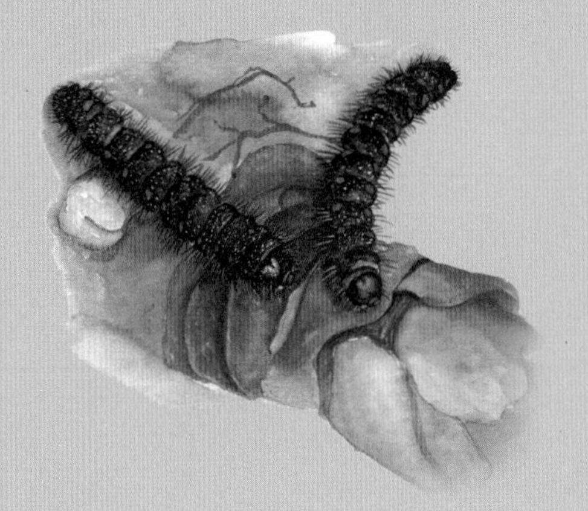

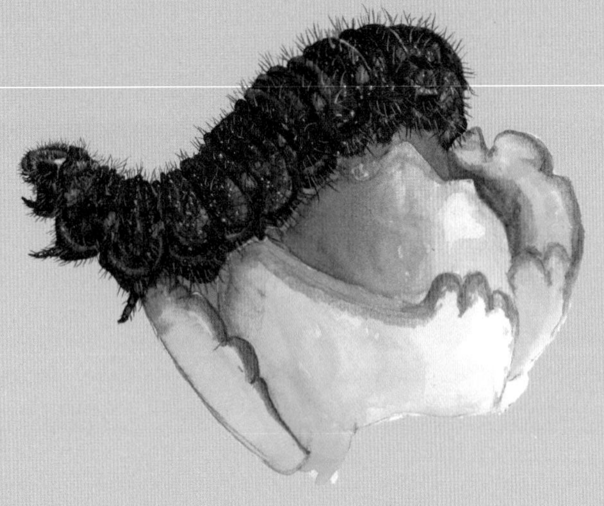

제2부

자연과 함께 양육한 애벌레

봄을 알리는 북방산개구리의 울음소리

때 맞춰 짝짓기를 하고 알을 낳다

화창한 봄기운을 맛볼 수 있는 청명(淸明) 즈음에 며칠째 봄비가 내려주니 꽃도 나무도 싱그럽고 상쾌하다. 봄비 덕분에 굳게 얼었던 땅은 부슬부슬 부드럽고 푹신해져 냉이와 쑥이 불쑥 나왔다. 평생 보약이라고는 못해 먹으니 우리가 지킨 자연 속에서 이른 봄에 나오는 나물, 제철 음식이라도 먹자고 발 빠른 아내는 벌써 냉잇국과 쑥국을 식탁에 올렸다. 배추흰나비, 작은멋쟁이나비의 애벌레들이 먹을 양식인데 아깝다 생각하지만 남편 위하는 아내 마음을 고맙게 받아들인다. 돌 틈에 끼어 때를 기다리던 돌단풍이 삐쭉 고개를 내밀고 약재로 사용될 뿐만 아니라 고고한 아름다움을 뽐내는 멸종위기종 산작약이 어느새 한 뼘만큼 올라왔다.

초가지붕에 겨우내 만들어 놓았던 새로운 이엉을 올렸다. 꽃무지를 비롯한 풍뎅이 애벌레들은 주로 볏짚이 썩어서 만

∧ 초가 이엉 올리기. 볏짚 썩은 부엽토는 꽃무지 등 풍뎅이 애벌레의 먹이여서 초가지붕은 중요한 곤충 서식지가 된다.

들어진 부엽토를 먹고 사는데, 매년 이른 봄 이들 애벌레를 위해 초가의 묵은 짚에 덧붙여 두툼한 볏짚으로 곤충 서식처를 만들어준다. 초가는 시골 동네에서조차도 보기 힘들고 이엉 엮는 방법도 전수되지 않아, 돌아가신 아버지에게 10년 전 배운 기술로 이제껏 꽃무지를 키우고 있다. 이엉을 엮고 그 어려운 용마름도 엮어내어 초가를 얹자 봄비가 볏짚을 차분하게 가라앉혀준다. 이미 죽은 목숨인 마른 참나무도 봄비를 맞자 은은한 버섯 향을 내고, 표고버섯이 나무 틈을 비집고 쑥 올라온다. 강한 바람에 수시로 뒤집어지는 초가 이엉을 숨죽여 잡아주고 새 생명을 품어내며 때맞추어 내리는 봄비 소리가 참 좋고 고맙다. 뿌연 미세먼지도

^ 참나무를 비집고 나오는 표고버섯

씻어 하늘은 더욱 청명하다.

춘분의 훈훈한 봄바람이 어둠 속에 웅크리고 있던 생물들에게 온기를 선물했고, 청명 무렵 며칠 내린 봄비는 잠든 뿌리를 깨운다. 산속에 울려 퍼지는 맑고 깨끗한 빗소리와 꽃이 피고 새잎이 돋는 소리가 들린다. 들쭉날쭉하던 기온이 날이 갈수록 한결 같아지면서 분, 초를 다퉈가며 꽃이 피고, 싹이 나오는 모습이 보인다. 온몸으로 봄을 노래하는 연구소의 속살을 걸어본다. 좀처럼 나서지 않아 꽃이 잘 보이지 않는 올괴불나무가 꽃을 피웠고 양지꽃에 광대나물과 히어리와 꽃다지까지 봄날이 왔음을 이야기하는 신호가 수두룩하다.

"연구소에서 오리 키우나요? 엄청 시끄럽네요." 연구소에 방문한 탐방객이 차에서 내리자마자 건넨 첫마디. "꼬르르륵, 꾸르루루룩" 북방산개구리의 암컷을 향한 사랑의 외침이 얼마나 큰지 소음으로 느꼈나보다. 춘분이 지나서야 울어대더니 이제 절정으로 치닫는다. 도롱뇽도 알을 낳았다. 툭 튀어나온 눈과 장난감같이 오밀조밀 생긴 발가락, 오동통한 배와 꼬리는 만화 속 캐릭터 같다. 아장아장 걸으며 꼬리를 좌우로 흔들어대는 도롱뇽이 마냥 귀엽다. 소시지처럼 길쭉하게 생긴 투명한 우무질 속에 가지런히 정리된 도롱뇽 알도 물웅덩이마다 가득하다. 흰나비들이 짝짓기를 하려고 무리 지어 나는 모습에 진짜 봄이 왔음을 안다. 때를 맞춰 짝짓기를 하고 번식을 위해 알을 낳는다. 쿵쾅거리며 힘차게 뛰는 봄의 맥박을 느낀다.

본격적인 곤충 활동은 뜸한 편이지만 저온에 적응한 여러 나방 종류는 이미 활동을 시작할 때라 두근거리는 가슴을 안고 100여 종의 곤충이 휴면하고 있는 월동 실험실을 들여다 본다.

낙엽이 바스락거리며 대왕박각시의 번데기가 움직이는 소리가 들린다. 실험실에서 번데기로 월동하던 놈들이 작년보다 보름이나 일찍 날개를 달았다. 한참 날개를 말리고 있는 수컷 대왕박각시를 관찰하는 사이 동이 튼다. 이른 봄에만 보는 귀한 손님으로 반갑다.

대왕박각시는 마치 화살표처럼 양 날개를 대각선 모양으로 펼치고 앉은 모습이 레이더에 걸리지 않는 스텔스기를 닮아(식물보호연구회 김승규 이사가 별명을 지었다.) 앉은 형태만 봐도 한눈에 알아 볼 수 있다. 앉

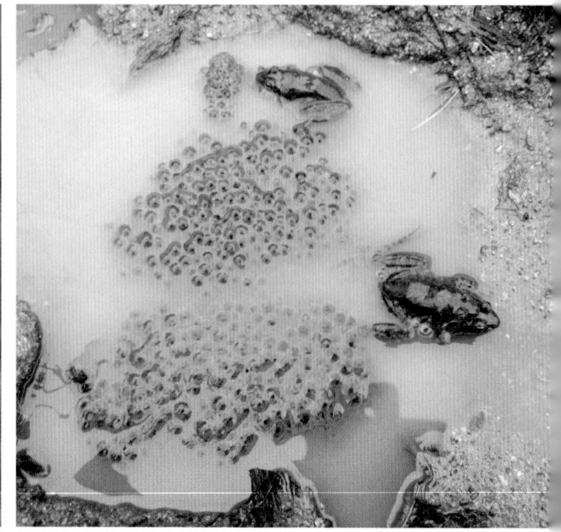

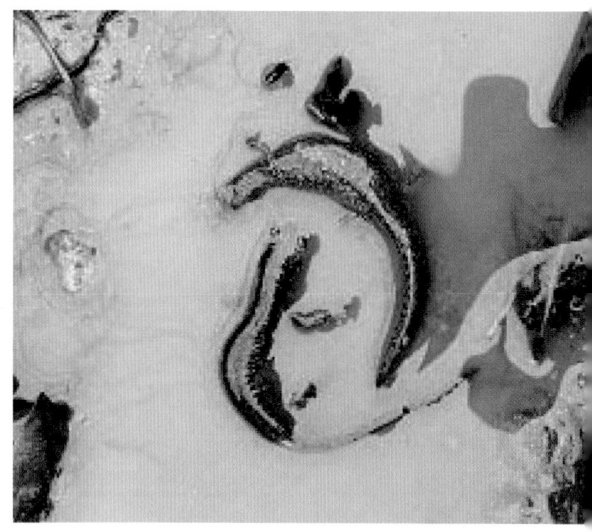

∧ 왼쪽 한반도 고유종인 히어리가 깜찍한 모습의 꽃을 피웠다. 오른쪽 북방산개구리가 알을 잔뜩 낳았다.
∨ 왼쪽 기다란 자루 속의 도롱뇽 알. 오른쪽 만화영화 캐릭터처럼 귀여운 도롱뇽의 모습

^ 대왕박각시 번데기

아있는 모습이 피라미드를 지키는 스핑크스(Spinx)처럼 생겨 학명으로도 Spingidae(박각시과)라 칭한다. 대왕나비, 대왕노린재, 대왕팔랑나비 그리고 대왕박각시. 곤충 가운데서도 이름에 '대왕' 자가 붙은 곤충에겐 그럴만한 이유가 있다. '대왕'과 같은 수식어는 각 목(目), 또는 과(科) 중에 크기가 가장 크거나, 가장 힘이 세거나, 가장 화려한 종에 붙는 접두사로 '대왕'이라는 말에서 벌써부터 거대함과 화려함이 느껴진다. 일 년 중 초봄, 4월 중순에서 5월 초 딱 한 번만 모습을 드러내는 대왕박각시는 크기도 크려니와 매우 빨라 매나방(Hawk moth)이라고 불러 이름값을 한다.

∧ 왼쪽 대왕박각시. 오른쪽 대왕나비
∨ 왼쪽 대왕팔랑나비. 오른쪽 대왕노린재

벌써 스무 네 해. 곤충이 태어나고 자라고 병들고 죽는, 인간과 별반 다르지 않는 삶의 과정을 보면서 익숙해질 만도 한데 겨울을 이기지 못하고 말라죽거나 곰팡이가 슬은 번데기를 솎아내는 일은 늘 가슴 아프다. 먹이를 찾아서, 천적을 피해서 숨어 지내 온 세월이 얼마이고, 시시때때로 껍질을 벗고 모양을 바꿔가며 마음 졸이며 살아 온 시간은 또 얼마이며 번데기에 갇혀있던 세월도 셀 수 없다. 얼마나 고생하면서 여기까지 왔는데. '너는 이 화사한 봄을 누리지 못하는구나!'라고 탄식하며 보낸다.

샛노란 산수유와 생강나무는 강렬해서 멋지고, 노란 복수초에 노란 꿀벌과 노란 민들레에 노랑나비는 은은해서 아름다운데, 안산과 팽목항의 노란 리본은 슬프다. 자식이 눈앞에서 까닭 없이 죽는, 감당할 수 없는 비극을 생방송으로 확인한 부모 마음을 가늠이나 할 수 있나! 안산 임시 분향소에서 내 딸 가영이와 동명이인(同名異人)인 단원고등학생 가영이의 영정 앞에서는 고개 숙여 울다가 통곡을 했다. 바닷바람 매서운 팽목항에서 자신의 구명조끼를 제자에게 벗어주고 다시 배안으로 들어간 양승진 선생님과 제자들의 탈출을 돕느라 빠져나오지 못하고 아내에게 "미안하다"는 마지막 문자메시지를 보낸 고창석 선생님을 생각했다. 이 사무치게 아름다운 봄을 같이 누리지 못하는 가영이와 양승진, 고창석 선생님을 탄식하며 보낸다. 눈시울이 뜨거워졌다.

미선나무 꽃이 한창이다. 생물학적 중요성이나 '멸종위기 식물'이라는 이름보다도 미선나무의 꽃말이 참 마음에 든다. '모든 슬픔이 사라진다'.

그윽한 향기를 품어내는 촘촘히 달린 흰 꽃 옆에 다가서면 잠시나마 시름을 잊어버릴 수 있기 때문일 것이다. 춥고 어둠 깊은 곳에 계시던 이들에게 맑고 푸른 하늘과 희망의 봄을 느끼게 해 주는 일도 잔인한 4월에 우리가 할 일이다.

∧ 왼쪽 노란 복수초에 꿀벌이 찾아들었다. 4월 노란 꽃을 보면 왜 세월호의 노란 리본이 떠오르는걸까. 오른쪽 산수유의 노란 꽃
∨ '모든 슬픔이 사라진다'라는 꽃말을 가진 미선나무.

족도리풀이 다시 부른 애호랑나비

멸종위기종을 위해 서식지 환경을 조성하다

산중이 고요하다. 깊은 산속 연구소라 늘 조용하고 한적하지만 지난 열흘 넘게 아들 결혼 때문에 미국의 처가 식구들과 결혼식에 직접 참석하지 못할 각지의 지인들이나 동네 어르신들이 사나흘씩 혹은 잠깐씩이라도 머물다 가거나 인사차 다녀갔기 때문에 북적대는 도시 같았다. 딸 결혼식에 이어 두 번째인데도 정신없이 지나갔고, 연구소로 돌아오자 비로소 아늑하면서도 편안해졌다. 산에 기대어, 산을 품고 살면서 산의 숨결을 느끼는 조용함이 이미 몸에 배었기 때문이지. 내가 예전엔 도시에서 어떻게 숨을 쉬며 살았지?

곡식에 필요한 비가 내린다는 곡우(穀雨). 봄의 마지막 절기다. 시시각각 훈풍을 타고 온 세상이 꽃으로 채워져 온통 꽃물결이다. 이때는 푸름과 화사함 가득한 자연으로부터 정기를 받아 오감이 열리며 몸속의 온갖 에너지가 충만해 몸과 마음이 많이 가벼워져 자신감을 느낄 수 있다. 이제 봄은 절정을 넘어 낮에는 온도가 올라 여름을 느끼게 하고 저녁이 되어도 쉽게 어두워지지 않는다.

아직 아침에는 냉기를 느껴 내복을 입고 있지만 해만 뜨면 내복이 덥게 느껴질 정도로 봄기운은 푹 익었다. 깊은 골 따라 피 토하듯 붉은 진달래가 만개했고 앵두와 살구나무가 하얀 꽃을 피웠다. 품을 열어 곤충을 맞이하는 꽃에 벌과 나비가 화답하여 짝을 맺어준다. 지린내 나는 쥐오줌풀과 붉은색 비단 주머니 모양의 금낭화도 한창이다. 사랑에 목마른 인간들은 하나의 의미가 되고자 꽃이 되고 싶어 했지만 곤충에게 꽃

∧ 주머니 모양의 꽃이 아름다운 금낭화

은 가장 영양분이 많은 생명줄이다. 때론 늦게 때론 빨리 서로 뒤엉켜 피어나선 순식간에 사라지고, 이렇게 많은 꽃으로 형형색색 수놓고 있는 다양한 자연을 어떻게 기억하고 묘사할 수 있을까.

까마귀오줌통이라는 재밌는 별명을 가진 냄새 고약한 쥐방울덩굴이 삐쭉 붉은색 싹을 내밀고 꼬리명주나비는 막 올라온 쥐방울덩굴 줄기에 촘촘히 알을 낳느라 바쁘다. 사향제비나비도 등칡과 쥐방울덩굴 묵은 줄기 새순에 선홍빛 아름다운 알을 한 개씩 붙여 놓는다. 인간이 먹는 농산물이나 관상수가 아니어서 잡초라는 이름으로 멸시 당해 온 식물이지만 나비는 특별히 정해진 식물만을 먹이로 하는 스페셜리스트이므로 만약 이들이 없으면 꼬리명주나비나 사향제비나비는 이 세상에 살 수 없을 것이다. 심지어 반드시 없애야 하는 외래식물로 지정된 환삼덩굴만 먹는 네발나비는 목숨이 촌각에 달려있다. 대왕박각시도 큼지막한 연둣빛 알을 복숭아나무 줄기에 줄지어 낳았다. 회양목 꽃이 피니 낙엽 밑에서 겨울을 무사히 보낸 꽃보다 더 눈부신 금속광택의 큰광대노린재 애벌레가 인사하고 황철나무잎벌레가 버드나무에 대롱대롱 매달려 열심히 잎을 먹고 있다.

월동하던 애벌레가 움직이고 곤충들이 새끼를 키우기 시작하자마자 얼마나 많은 새 소리가 들리는지. 동트는 새벽부터 열심히 지저귀던 오목눈이도 둥지를 틀었다. 둥지를 열자 10개의 알이 가지런히 놓여있다. 보통 6~7개의 알을 낳는다고 했는데 올해는 먹이인 애벌레가 풍부할 것이라고 미리 짐작하고 있나 보다. 새순이 나오고 꽃이 피자 꽃은 꽃대로

∧ **왼쪽부터** 사향제비나비 알. 꼬리명주나비 알. 광택이 멋진 큰광대노린재 애벌레
∨ **왼쪽** 대왕박각시 알. **오른쪽** 오목눈이 둥지와 그 속에 든 알 10개

잎은 잎대로 자연의 속도를 맞춰, 먹이가 출현하는 철에 맞춰 동기화된 먹이사슬이 무리 없이 준비된 일정표에 따라 움직이고 있다.

멸종위기 곤충 애기뿔소똥구리의 먹이원인 신선한 소똥을 얻기 위해 키우고 있는 횡성 한우 '코프리스'(뿔소똥구리속을 뜻하는 Copris에서 따왔다.)와 '업쇠'를 어제 방목지로 내놓았다. 저 초원 위 푸르른 풀로 달려가고 싶어 온몸이 근질근질하여 하루 종일 풀어달라고 아우성치던 소들을 내놓자 펄쩍펄쩍 뛰며 말보다 더 빨리 줄달음친다.

호랑나비보다 좀 작은 봄의 전령사, 일본에서는 멸종위기종으로 지정된 애호랑나비가 족도리풀에 알을 낳았다. 이른 봄 가장 먼저 만나볼 수 있기 때문에 '이른봄애호랑나비'라고도 불린다. 2016년 여름에 튼 번데기에서 나와 날개돋이를 하자마자 때맞춰 꽃을 피우는 진달래에 얼굴을 파묻고 꿀을 빤다. 귀한 먹이로 배를 채운 애호랑나비는 손끝이 살짝만 닿아도 또르르 굴러 떨어질 것만 같은 진주빛이 영롱한 알을 낳았다.

먹이식물인 족도리풀은 하트 모양의 잎과 자주색 족도리 모양의 꽃을 가진다. 꽃이 땅 가까이에 피고, 뿌리는 매운 맛이 나는 '세신(細辛)'이라는 한약재로 쓰인다. 홀로세생태학교를 만들기 전 동네사람들이 약재상에 팔기 위해 족도리풀을 마구잡이로 채취하면서 없어졌다 한다. 먹이가 없어지니 애호랑나비도 당연히 사라졌지만 문헌 기록이나 주변 식생으로 볼 때 서식 가능성이 충분했다. 귀한 애호랑나비를 다시 불러들이기 위해 연구소 곳곳에 족도리풀과 진달래 군락을 조성했다. 애벌레 먹이인 족도리풀과 애호랑나비 주식인 진달래로 살만한 곳으로 만들자 어

∧ 족도리풀 잎에 애호랑나비가 낳아 놓은 진줏빛 알
∨ 진달래 꽃에 얼굴을 파묻고 정신없이 꿀을 빠는 애호랑나비. 봄의 전령이다.

느샌가 찾아와 알을 낳았고, 이제는 진달래 꽃 필 때만 되면 만날 수 있는 나비가 되었다.

4월 15일, 곤충 키우듯 잘 키운 아들을 결혼시켰다. 결혼한 내 자식의 아이들 미래에 용기와 희망을 줄 수 있는 시스템을 만드는 일과 애호랑나비 서식지 환경을 조성하는 일은 다르지 않다.

곡우를 지나 본격적인 여름으로 계절이 바뀌는 환절기. 다른 곳보다 늦게 피었으면서도 빨리 저버리는, 얼마 남지 않은 벚꽃 잎이 바람에, 비에 흩날린다. 봄비가 백곡(百穀)을 윤택하게 한다고 하고 특히 올봄에 내리는 비는 겨울 가뭄을 풀어주는 '약비'라고 하지만 며칠 보지 못하고 스러져가는 꽃을 생각하면 서운하기도 하다. 이제 꽃 지고, 잎이 피기 시작했으니 봄날이 갈 것이다.

∧ 홀로세생태보존연구소의 진달래 군락
∨ 홀로세생태보존연구소 봄 풍경

독성이 강한 산나물도 소화하는 애벌레

짙푸른 산속에서 몸집을 키우다

짙푸른 계절. 모든 세상이 푸르다. 봄기운을 받은 새싹의 연둣빛에서 나뭇잎은 윤기를 더해 진한 녹색으로 바뀌고 두툼하고 투박해졌다. 고개를 들어 숲을 보면 잎이 활짝 펴 나무가 보이지 않는 온통 초록이다. 부드럽고 싱그러운 연둣빛 봄에서 짙푸름을 더해 본격적인 생장을 하는, 생명력 넘치는 '그윽하고 깊은 여름'으로 가고 있다. 아직은 5월의 부드러운 햇살이지만 조금만 열기를 더해도 여름이 되는 햇빛으로 엊그제는 벌써 32°C를 넘어 한 여름이나 다름없다.

오늘은 입하(立夏). 짧았던 봄이 물러가고 완연히 여름에 접어드는 때다. 아침, 저녁으로 쌀쌀했던 기운은 사라지고 평균기온 20°C를 웃도는 따뜻한 날씨가 계속된다. 그간 일교차가 크고 변화 많던 날씨는 안정되고, 모든 생물들이 쉴 새 없이 무성히 자라기 시작한다. 역시 계절의 여왕이라 할 만 하다.

∧ 잠깐 사이 분홍빛 화사한 풍경이 녹색으로 바뀌었다.

생명을 불어넣는 풀과 나무가 잎을 내어 푸르러지면 먹거리가 풍성해진 곤충도 덩달아 수가 늘어나고 오동통 살이 찐다. 계곡과 숲을 이루는 모든 나무와 풀에 애벌레가 가득하여, 새로운 종을 찾아내고 이들을 키우느라 하루해가 짧다. 계곡 유혈목이와 무당개구리 사이에 팽팽한 긴장감이 흐르고 산에는 뻐꾸기 울고 들에는 온갖 나물들이 지천이다.

종일 땀 흘리는 노동으로 지칠 때도 많고 몸이 아파 속상할 때도 있지만 느리게 주변을 살피며 작고 홀대받는 벌레를 소중히 여겨 바쁘게 살 수 있는 산속이라 좋다. 정신과 마음을 의탁할 뿐만 아니라 육신을 돌볼 수 있는 자연이라 더욱 좋다. 10년 당뇨에 고혈압과 고지혈증과 시시때때로 호소하는 통증으로 늘 아내에게 종합병원이라는 핀잔을 듣고 사는 나에게 특효약인 듯 철따라 산나물을 아낌없이 주는 산속에 살게 된 것. 곤충이 나에게 준 선물이다.

산속으로 들어오기 전 '나물'이라 하면 "콩나물 팍팍 무쳤냐?"의 콩나물 정도가 전부였는데 산속으로 들어오면서 벌레와 맞서 싸운 식물의 흔적, 산나물을 알았다. 나물은 체질상 처음부터 정을 붙이기는 어려운 요리였다. 하지만 몸에 좋다고 하고, 장을 보러 차를 타고 20분 나가야 하는 번거로움 때문에 대충 산속 자연물을 먹을 수밖에 없는 상황. 쓴맛 이후에 단맛을 알게 된 산나물의 매력이 은근해 자연스럽게 채식을 좋아하게 됐다.

산나물은 뿌리와 줄기, 잎 세 부분을 사용하지만 봄나물은 잎을 주로 먹는다. 보통 산나물을 먹을 때 '쌉싸름하다'라는 표현을 쓰는데 사실 쓴맛은 식물의 가장 큰 천적인 애벌레에 대한 자기 방어용 독성 물질이다. 식물의 잎은 햇빛과 공기 중의 이산화탄소와 물로 광합성을 하는 중요한 조직인데 끊임없이 먹어대는 천적 애벌레를 피하거나 도망갈 수 없어 독을 만든 것이다. 몸이 작은 곤충에겐 치명적인 독이 되지만 크기가 훨씬 큰 인간에겐 역설적이게도 독이 약이 된 것으로 그저 입맛을 돋우는 정도의 쓴맛이라 나물로 즐긴다.

이 세상 생물 중에서 가장 종이 많은 곤충에게 산과 강, 도심 한 가운데서도 늘 만날 수 있는 널리고 널린 식물은 이 지구상에서 가장 풍부한 먹이로 그냥 지나칠 수 없는 자원이다. 이동 능력이 없는 식물은 털이나 가시 혹은 두꺼운 잎 따위의 물리적 방어와, 담배의 니코틴이나 커피나무의 카페인, 양귀비의 모르핀, 모기향 원료인 쑥의 테르펜과 같은 수많은 화학 물질로 방어를 한다.

가시는 피하면 되고 두꺼운 잎은 오래 씹어 꾹꾹 삼키면 될 터이지만 식물의 독극물은 견뎌내기 쉽지 않다. 그래서 곤충 소화관에 서식하는 미생물 집단을 활용하여 소화효소와 비타민을 공급받고 알칼로이드나 페놀, 탄닌 같은 식물의 독성 물질을 해독하여 잘 살아갈 수 있다. 애벌레의 장내 미생물을 이용한 해독 능력과 효소인 단백질을 신약 제조 재료로 활용할 계획으로 자료를 축적하며 연구를 계속하고 있다.

홀로세생태보존연구소 내에는 전통적으로 식용뿐만 아니라 약으로도 이용되는 두릅, 오가피, 가시오갈피, 엄나무(음나무), 헛개나무 및 다래 등 약용식물 30여 종을 식재하는 약용식물원이 있다. 나물로서뿐만 아니라 특히 강한 독성 때문에 의약 원료로 활용되는 자원식물과 이들을

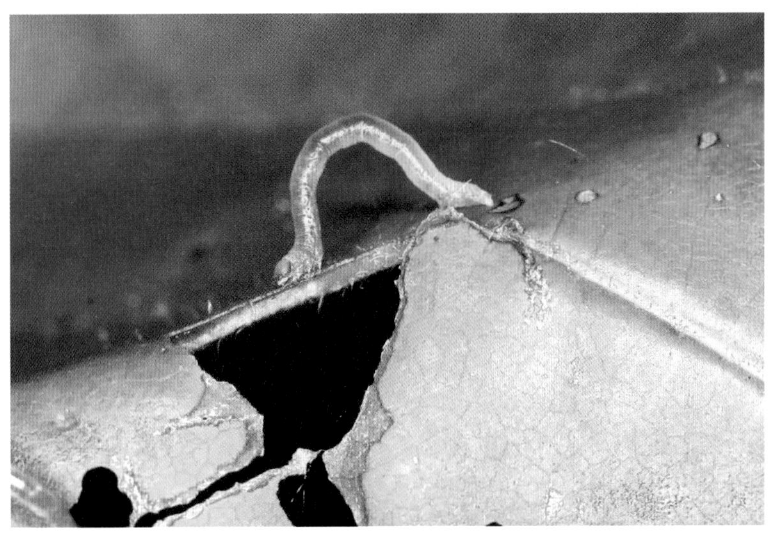

∧ 몸집이 큰 사람에겐 약용식물이지만 작은 곤충에겐 독이다. 약용식물을 먹는 애벌레의 능력에 주목하는 이유이다. 약용식물인 헛개나무를 먹는 네줄붉은가지나방 애벌레

먹이로 하는 더 독한 곤충을 집중적으로 연구하는 야외 실험실이다.

여기저기 안 좋은 데가 없다고 소문난 봄나물의 으뜸 두릅은 새똥하늘소의 먹이식물이다. 새똥하늘소는 두릅 줄기에 알을 낳고 모든 생활을 두릅에서 하다 보니 결국에는 두릅을 죽게 한다. 다래는 머루박각시, 애기얼룩나방, 뒷검은푸른쐐기나방이 잘 먹는다. 헛개나무는 네줄붉은가지나방의 공격을 피해갈 수 없다. 엄나무 새순으로 2종류의 애벌레를 키웠지만 사육 중 죽는 바람에 생활사를 밝히지 못했다.

흰 솜털에 싸인 어린아이 주먹 모양 같은 어린잎이지만 독성이 강해 방목장 소조차 절대 먹지 않는 고사리 종류인 야산고비도 얼룩어린밤나

^ 두릅나무에서 짝짓기 중인 새똥하늘소

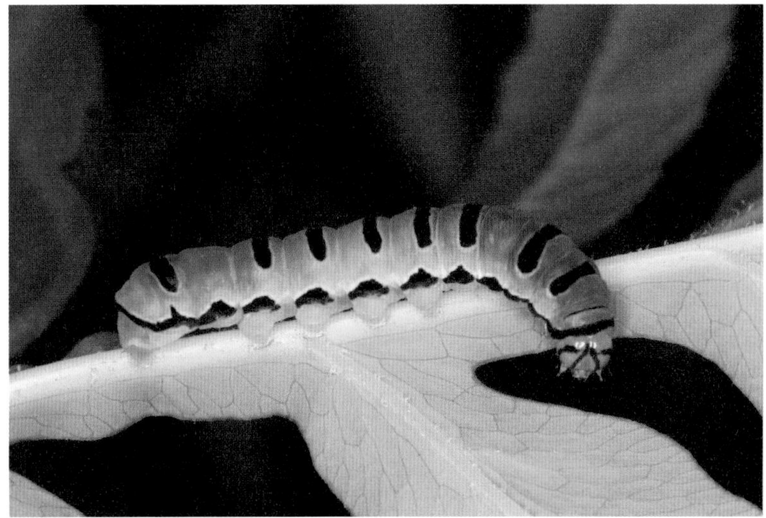

∧ 다래 잎을 먹는 머루박각시 애벌레
∨ 독성이 강해 덩치 큰 사람도 그대로는 먹지 못하는 고사리 종류인 야산고비의 새 잎을 갉아먹는 얼룩어린나방 애벌레. 곤충의 해독능력에 대해 우리는 거의 모르고 있다.

방의 먹이다. 방패와 창처럼 곤충의 소화기관은 식물의 최첨단 독극 물질에 대한 적응과 진화를 계속 진행할 것으로 생각되며 식물 독성 물질을 해독하는 애벌레의 무한한 가능성을 볼 때 이들로 뭔가를 할 수 있을 것 같다.

약용식물원의 가시오갈피는 20여 년간 애벌레 연구에 몰두해 온 나에게 큰 기쁨을 주었다. 2015년 이 나무에서 채집한 애벌레는 이때까지 전 세계적으로 기록이 없는 신종(新種)으로 밝혀져 2016년 12월 「SHILAP Revista de lepidopterologia(중남미나비학회지)」이라는 SCI(과학기술논문인용색인; Science Citation Index)급 학술지에 '홀로세큰날개뿔나방(*Agonopterix holoceana*)'이란 이름으로 등재하였다. 세계적으로 처음 보고한 신종은 개인적으로 영광이기도 하지만 우리나라 생물자원을 찾아내고, 보호할 수 있는 기회를 만들었다는 자부심이 있다. 이 또한 곤충이 나에게 준 큰 선물이다.

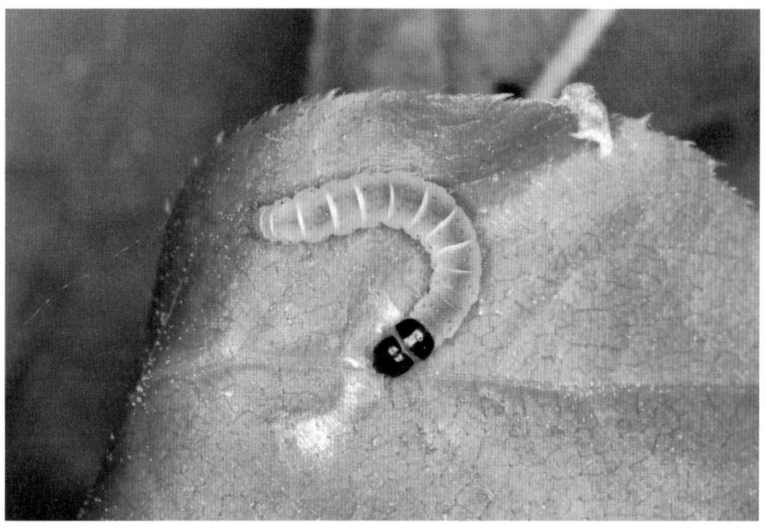

∧ 가시오갈피나무에서 발견한 홀로세큰날개뿔나방과 애벌레. 국제학술지에 신종으로 보고했다.

특정 식물만 먹는 스페셜리스트 애벌레

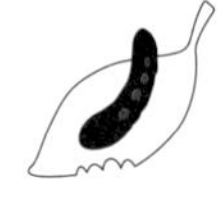

5월의 꽃을 먹고 배를 불리다

모든 걸 다 채워 꽉 차지는 않았지만 가득 차 있는 소만(小滿). 산도, 들도, 강도, 하늘도 모두 푸르다. 오히려 푸르름을 지나 여름 기운이 나타나기 시작하며 보름밖에 안 되는 찰나에 따뜻함이 뜨거움으로 바뀐다.

오월의 산사나무와 보리수, 때죽나무, 고광나무의 흰색 꽃이 절정이다. 소박한 하얀 꽃은 화려한 색상의 많은 꽃들에 섞여 특별히 시선을 끌지 못하지만 곤충에겐 최고의 밥상이다.

산사나무는 '5월의 꽃(May flower)'이라는 영명에 걸맞게 오월쯤 활짝 피는 꽃으로, 5월의 상징이다. 우리나라에서는 주로 약재로 쓰이거나 '산사춘'이라는 술로 유명하지만, 유럽 사람들에게는 희망의 상징으로 봄의 여신에게 바쳤던 꽃이다. 인간에게 아름다움과 유용한 식물로 사랑을 받는 꽃이지만 수많은 곤충에게도 산사나무 꿀은 꼭 필요한 에너지원이다.

∧ '5월의 꽃'이란 이름이 있는 산사나무 꽃

많은 종류의 곤충 애벌레가 산사나무 잎을 먹지만 검은끝짤름나방과 쌍점흰가지나방 애벌레는 산사나무 잎만 먹는다. 진정 스페셜리스트다.

보리수의 종 모양 흰 꽃에 호박벌과 사향제비나비가 대롱대롱 매달려 꿀을 먹느라 정신없다. 가지마다 주렁주렁 꽃이 달려있어 꼭 그 꽃이 아니어도 될 것을 굳이 다투면서 꽃을 차지하려 싸운다. 건조한 5월에 많은 꽃이 시들시들할 때 보리수나무는 사막의 오아시스처럼 생명을 구해주는 구세주 나무로 강인한 생명력을 갖고 있는 것으로 알려져 있다. 딱 붙어있는 두 장의 잎을 살짝 열자 검은색 바탕에 흰점이 점점이 박혀있는 괴불왕애기잎말이나방 애벌레가 나를 올려 본다. 잎을 말아 은신처

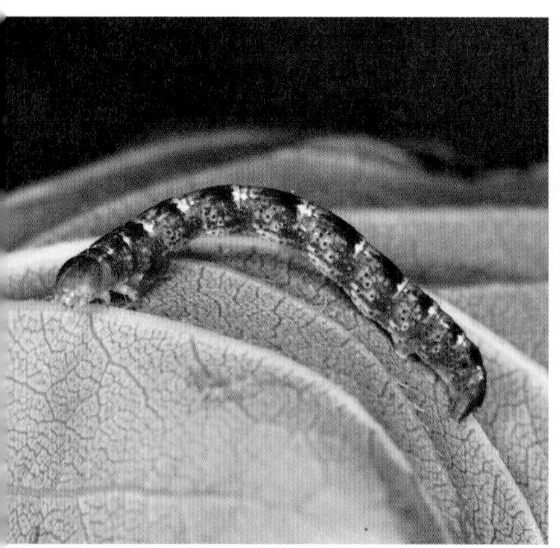

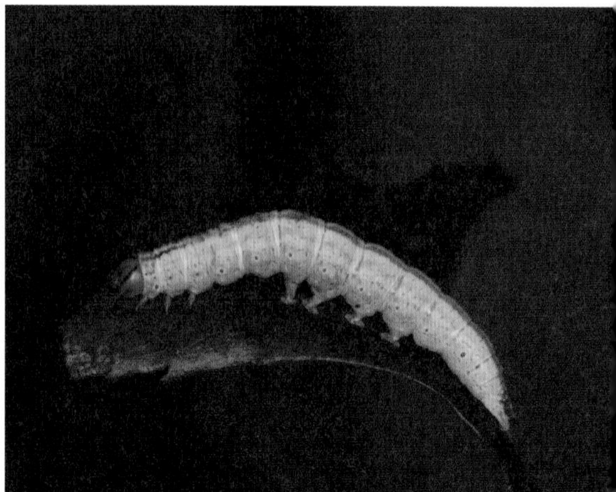

∧ 왼쪽 산사나무 잎을 먹는 쌍점흰가지나방 애벌레. 오른쪽 산사나무 잎을 먹는 검은끝짤름나방 애벌레
∨ 보리수나무 잎을 먹는 괴불왕애기잎말이나방 애벌레

로 삼고 그 안에서 나뭇잎을 먹고 사는 잎말이나방 애벌레들의 삶의 방식은 안전하고 편안해 보인다. 꽃은 꽃대로 잎은 잎대로 아낌없이 주는 나무들. 흰색 꽃이 피어나는 계절로 흰빛들이 눈부시고 꽃에 취하고 나비에 홀리니 자연에 감사한다.

연구소 내 곤충 정원이 붉게 느껴질 만큼 강렬한 붉은색 지느러미엉겅퀴가 흰색 꽃들에 섞여 존재감을 뽐내지만 조화롭게 색상을 맞춘다. 늦봄부터 시작해서 한여름에 걸쳐서 꽃이 피는 키 작은 풀이지만 이때쯤 피는 거의 유일한 붉은 꽃으로 많은 곤충을 유인한다. 양도 많고 질도 좋을 뿐 아니라 꿀을 먹기도 좋게 공처럼 꽃 전체가 드러나 있으니 모든 곤충이 좋아할 수밖에.

지느러미엉겅퀴는 '밀크엉겅퀴(Milk thistle)'라고도 하는데 여기서 밀크는 박주가리를 '밀크 위드(Milk weed)'라 부르는 것처럼 잎을 자르면 하얀 유액이 나오는 데서 유래했다. 모나크나비(Monarch butterfly, 제왕나비)라는 나비 애벌레만 박주가리 잎의 독한 유액을 먹고 살 수 있는 것으로 알려져 있는데, 엉겅퀴를 먹는 애벌레도 꼬마독나방 애벌레 한 종만 알려져 있다. 물론 꼬마독나방 애벌레는 식성이 까다롭지 않아 많은 종류의 식물을 닥치는대로 먹는 놈이라 엉겅퀴 잎을 먹는지도 모른다. 많은 꿀로 곤충을 유인해 손쉽게 열매를 맺지만 강한 독과 끈끈한 점액질로 무장해 쉽게 몸을 허락하지 않는 식물이다.

일화일세계(一花一世界). 꽃 한 송이에 세계가 담겨 있다.

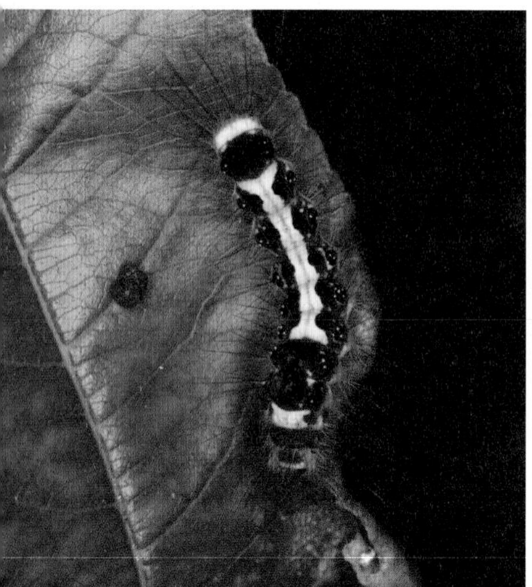

∧ 왼쪽 엉겅퀴를 먹는 유일한 곤충인 꼬마독나방 애벌레. 오른쪽 지느러미엉겅퀴

5월을 대표하는 5월의 꽃도 있지만 5월에 날개를 달고 5월에 활동하는 곤충(May fly)도 있다. 하루살이다. 학명(Ephemeroptera)으로는 하루만 산다는 뜻이지만 물에서 나와 어른벌레로는 대개 2~3일을 산다. 5월의 곤충이라 함은 이때쯤 짝짓기를 위해 동시에 떼 지어 날아 금방 눈에 띄기 때문이다. 뭍으로 나와서는 짝을 짓고 번식만 하므로 먹을 시간이 없다. 먹을 입 없으니 사람 깨 물 일도 없고. 병을 옮기지도 못한다.

하루살이는 물에서 생활하는 곤충으로 하천이나 강바닥에 쌓여있는 썩은 식물 부스러기를 걸러서 먹는다. 애벌레 때는 물고기, 커서는 새의 먹이가 되는 생태적으로 중요한 분류군이다. 잠자리와 함께 약 3억 년 전부터 지구상에 살아왔던 벌레로 인간의 대선배인 셈이다. 물속에서 1차 소비자로 식물 부스러기를 걸러내고, 2차 소비자의 먹이로 생태계를 돌리는 엔지니어이지만 '압구정 벌레'라고 불리는 동양하루살이가 도심 지역에 대거 나타나면서 해충이 되었다. 단지 번식을 위한 행동인데 수가 많으니 '징그럽다'라고 하는데 하루살이는 억울하다.

13여 년 전에는 도심에서 말매미가 대량 창궐했고 2013년에는 황다리독나방이 대량 발생해 세상의 이목을 끌었다. 2014년 8월에는 전남 해남에서 풀무치 떼, 2016년 5월 말 강원도 춘천에는 연노랑뒷날개나방이 폭발적으로 발생했다. 밤나무산누에나방은 아마 올해에도 엄청 많이 발생할 것이다.

이처럼 몇몇 곤충이 크게 발생하면 해충 예방책을 발표하고 살충제를 뿌리고 이들을 없애지 못해서 안달이다. 그러나 단지 보기 싫다, 불편하다는 이유만으로 이들을 내치는 것은 맞지 않다. 인간사에 부침이 있는 것처럼 곤충 세상에서도 불규칙한 발생이 주기적으로 찾아오며, 때로는 극심한 환경 변화로 벌레가 자연스럽게 대발생한다. 어느 새로운 별에서 툭 떨어진 것이 아니라 원래 살던 애들이 그저 살기 좋은 환경에서 잘 자라 많이 생겼을 뿐이다.

나방이나 하루살이 등의 벌레가 대량으로 나타나는 것은 정상적인 상황은 아니다. 그러나 먹이사슬이 안정된 생태계에서는 특정 벌레가 대량으로 나타나지 않으므로 생태계를 엉망으로 만든 우리 탓도 있다. 갑작스레 날아든 하루살이나 나방 떼가 반가울 리 없지만 "지구 생태계 주인공인 곤충에게 인간이 며칠만 좀 참아주자"라는 말을 해도 되는 게 아닌가 생각한다. 곤충의 생존 기간이 2~3일, 길어야 평균 7일 정도로 매우 짧은데 해충이라며 살충제를 쓰면 물론 우리 건강에도 좋을 리 없다.

심하게 가물어 양수기로 물을 대고 용을 써 어느새 연못에도 물이 한가득하다. 파란 하늘에 녹색의 숲이 풍덩 담겨 있는 '홀로세의 수련원'이 만들어졌다. 연못 위에 방석처럼 놓인 연잎 위에서 햇살을 받으며 일광욕을 즐기고 불쑥 올라온 꽃에 온갖 곤충들이 꿀을 빨며 정신없이 좋아하는 모습을 그리곤 했다. 무려 2000년을 참고 견디며 꽃을 피울 수 있다는 연꽃이 좋았고 멸종위기 곤충인 물장군을 위한 서식지를 만드는 일이라 신났다. 허리가 아픈 줄도 모르고 함빡 웃으며 30여 종의 연꽃을 비롯한 수련 종류를 심었다. 화중생련(火中生蓮)! 활활 타는 불길 속에서 청초하고 향기로운 연꽃을 피워 물장군과 물고기 같은 뭇 생명에게 생명을 줄 수 있는, '순결과 청순한 마음'이라는 꽃말을 가진 연꽃을 볼 수 있게 된 것. 참 좋다.

언젠가 동네 보살이 내 사주를 보고 "화(火) 기운이 세서 물을 끼고 살면 좋다"는 이야기를 한 적이 있다는데 대충 맞는 것 같다. 새롭게 조성한 수련원부터 연구소 내 12개의 연못이 있어, 늘 물을 끼고 살고 있고, 물장군 증식도 나와 궁합이 잘 맞는다.

5월과 함께 한 모든 시간이 눈부셨다.
날이 좋아서, 날이 좋지 않아서, 날이 적당해서 모든 날이 좋았다.

∧ 왼쪽 한강에서 대번창해 제거 소동을 일으킨 동양하루살이. 사람이 일으킨 생태계 교란의 결과일 뿐더러 자세히 보면 예쁘기도 하다. 오른쪽 최근 종종 대번창해 소동을 빚는 연노랑 뒷날개나방

∨ 수련과 연꽃을 위한 연못을 조성했다.

이기적인 붉은점모시나비의 짝짓기 전략

암컷의 배 끝에 자물쇠를 채우다

“꽃이 피면 같이 웃고 꽃이 지면 같이 울던” 봄날은 가고, 오늘은 차고 넘치는 망종(芒種). 30°C를 오르내리는 때 이른 더위로 계절 구분이 모호해진 봄과 여름 경계에서, 가뭄 끝에 살짝 비 내리자 메마른 땅에서 축 처져있던 무수한 풀이 쑥 올라와 주변이 온통 풀밭이다. 6월 뜨거운 열기가 발산하는 에너지를 받아 열매를 맺고, 여무는 여름이 시작한다. ‘벌써’라는 말이 절로 나온다. 숲이 시퍼렇고 바람이 시원하다.

천지를 화사함으로 뒤덮은 봄 ‘꽃철’이 지나면 나무들은 열매를 맺고, 풀이 꽃을 피우기 시작한다. 봄의 진달래, 가을의 국화와 더불어 우리와 가장 가까운 꽃인 작약(함박꽃)이 뜨거운 불꽃으로 불타고 있다. 초여름을 눈부시게 수놓는 작약은 함지박처럼 큰 꽃과 화려한 이미지로 함박웃음을 지으며 연구소를 밝게 빛낸다.

∧ 작약이 함지박만 한 꽃을 터뜨렸다.

낮이 길어지면서 보랏빛 꿀풀도 햇빛 가득한 둔덕에 무리 지어 지천으로 피어있고, 연못 주변으로는 보랏빛 붓꽃도 한창이다. 꽃이라면 모든 곤충이 좋아하고 꿀 때문에 유인될 것 같지만 작약이나 꿀풀, 붓꽃이나 애기똥풀에는 가끔 들르는 양봉 꿀벌 이외에 나비류나 딱정벌레 같은 곤충이 와락 덤비지는 않는다. 특히 꿀풀은 꽃 속에 들어있는 많은 양의 꿀 때문에 붙여진 이름인데 이름에 걸맞지 않게 외로워 보인다. 입술처럼 생긴 꿀풀의 꽃이 달콤해서 따 먹던 사람에게만 해당하지 곤충은 별 관심이 없다.

∧ 왼쪽 꿀풀은 꿀이 많지만 양봉 꿀벌 이외의 곤충에게는 큰 인기가 없다. 오른쪽 꽃봉오리가 붓을 닮은 붓꽃

이미 꽃을 피웠던 엉겅퀴는 씨앗을 맺어 솜털처럼 가벼운 열매를 바람에 실어 보내고 뒤늦게 핀 때죽나무 꽃에서 먹이와 짝을 찾던 긴꼬리제비나비가 열심히 꿀을 빨고 있다. 티끌 한 점 없이 깨끗한 신록이 반짝거리고 풍요로운 6월의 숲에 여름이 무르익는다. 숲으로 가면 지금도 어린아이처럼 기대 가득 설렌다. 이때쯤 숲속에서 볼 수 있는 곤충의 안부를 묻는다.

별것 아닌 것들이라는 벌레지만 본능적으로 끌리는 색채의 아름다움이나 현란함은 별(別)것이다. 악티아스 아르테미스(*Actias artemis*)라는 학명으로 불리는 긴꼬리산누에나방은 옥빛의 아름다운 색깔과 아래 날개의 긴 돌기가 특징이며, 흔히 동화 「피터팬」에 등장하는 요정 팅커벨이라고 불린다. 나방이라 하면 보통 징그러운 벌레로 오인되는데, 긴꼬리산누에나방은 아르테미스, 즉 달의 여신이란 이름으로 최고의 찬사를 받는다. 1998년 7월, 50년 만에 뉴욕 센트럴파크에 방사되면서 재도입된, 나비보다 더 아름다운 나방이다. 4번째 껍질을 벗은 긴꼬리산누에나방 애벌레가 오리나무를 열심히 먹으며 잘 자라고 있다.

회양목명나방 애벌레가 여러 장의 잎을 실로 묶어 거미줄처럼 만들고 그 실에 똥과 먹다 만 찌꺼기를 붙여놓아 회양목이 지저분해 보인다. 그러나 회양목 윗면에는 큰광대노린재(*Poecilocoris splendidulus*)가 금속광택을 뽐내며 주변을 환하게 한다. 종명인 '스플렌디둘루스'가 이미 찬란

∧ **왼쪽** 긴꼬리산누에나방. 큰 옥색 몸집에 기다란 꼬리가 달린 멋진 나방이다. **오른쪽** 긴꼬리산누에나방의 애벌레

∧ 잎을 여러 장 실로 묶어 은신처를 만든 회양목명나방 애벌레

히 빛나는 외양을 설명하고 있다. 금빛 나는 녹색 바탕에 보랏빛을 띤 붉은색 무늬로 치장한 매우 아름다운 곤충으로, 오랜 기간 덕을 많이 쌓아야만 만날 수 있다는 큰광대노린재가 회양목 군락지에서 짝을 짓고 알을 낳는다. 5년간에 걸친 번식 작업이 성공적으로 이루어지고 있다.

6월 5일은 유엔이 '하나 뿐인 지구'라는 슬로건을 채택하고 '세계 환경의 날'로 정한 날이다. '4대강 보를 열어라' 하고, 미세먼지 대책 발표와 '탈 원전' '탈 석탄' 정책은 많은 사람들에게 무지갯빛 희망을 보여주고 있다. 과거 지향적인 낡은 에너지체제를 안전하며 영구적인 환경 친화적 시스템으로 전환하고 녹조로 엉망이 된 강을 되살리는 일은 결코 쉬

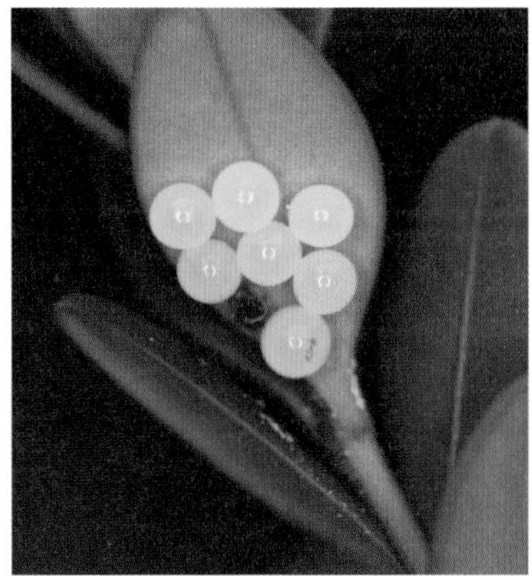

∧ 왼쪽 회양목에서 번식하는 큰광대노린재 오른쪽 큰광대노린재의 알

운 일이 아니다. '휙'하면 '짠'하고 실현되는 마법이나 만병통치약은 없고, 기득권자의 저항도 강력할 것이다. 다만 국민이 동참하여 파수꾼이 되어주길 바란다.

그러나 나라를 운영할 철학과 실천할 과제를 논의하는 '국정자문기획위원회'에서 환경위원회가 빠져 다른 생명들에게 대한 배려가 없어 아쉬움이 있다. 이름조차 낯설고 생김새는 더욱 낯설지만 우리가 지켜주어야 할 멸종위기종과 고유종, 장차 나라의 가장 큰 재산이 될 생물다양성을 유지하는 일은 시대정신이다. 비록 작은 불씨이지만 우리들은 소중하게 쥐고 있다.

과연 보존에 대해 제대로 이해는 하고 있는 것인가? 생물다양성을 어떻게 지켜낼 것인가? '세계 환경의 날'에 아프게 물어본다.

붉은점모시나비는 지금…

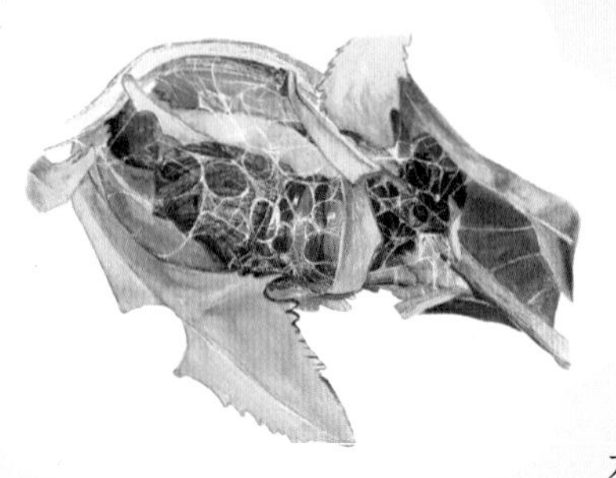

붉은점모시나비 번데기 밖 세상은 기린초와 지느러미엉겅퀴의 향긋한 꿀 냄새가 은은하다. 이제 번데기를 벗어 던지고 날개돋이를 해 새로운 우주를 만들 시간이 다가오고 있음을 알려준다. 그물처럼 대충 얼기설기 엉성하게 엮은 고치를 뚫고 붉은점모시나비가 엉금엉금 기어 주변 나무로 올라간다. 깊게 숨을 들여 마시고 배에 힘을 주어 몸 앞쪽으로 혈압을 높이고 피를 돌린다. 쭈글쭈글 말린 몸에 펌프질하며 날개에 고루 퍼져 있는 가느다란 실모양의 시맥(翅脈)으로 피를 보내 앞뒤 날개를 편다. 2시간쯤 지나자 날개 달린 꽃, 붉은점모시나비가 다시 아름다운 한 송이 꽃으로 환하게 화려한 변신을 한다.

아무도 활동하지 않는 추운 겨울부터 열심히 먹어대며 몸집을 불려온 여섯 달간의 긴 애벌레 시절을 거쳐 고치를 만들고 그 안에 번데기를 만든 지 보름. 느리고 길었던 350일을 준비해서 맑은 하늘에 태양처럼 피어 화려하게 난다. 극도의 추위와 더위를 반복적으로 견뎌내, 몇 억 년을 죽지 않고 살아서 드디어 오늘 날개를 달았다.

햇빛이 '온 세상을 채웠다' 싶을 정도로 빛이 밝아 눈부신 6월 4일 오후. 짝짓기에는 맞춤인 날. 짝짓기 한 수컷은 분비물을 내어 암컷의 배 끝

모시나비 Sphragis 2

붉은점모시나비 Sphragis 3

1 붉은점모시나비의 날개돋이. 2017년 6월 4일에 촬영했다.
2, 3 모시나비와 붉은점모시나비 수컷의 분비물로 암컷의 생식기를 봉쇄한 삼각형 모양의 마개 모습

*Sphragis는 '짝짓기 후 마개' 짝짓기 한 수컷이 분비물을 내어 암컷의 배 끝에 마개를 만들어 다른 수컷과 짝짓기 할 수 없도록 만든 일종의 자물쇠.

에 삼각형 모양의 마개(Sphragis)를 만들어 다른 수컷과 짝짓기 할 수 없도록 한다. 내 씨만 전달하려는 이기적이고 극단적인 번식욕이다.

붉은점모시나비는 극지에서나 있을법한, 영하의 특수한 환경에서 오랜 기간 생존하고 진화해 왔다. 얼었다 녹기를 반복하는 극한의 환경에 적응하며 특정 유전자를 가지게 되었고 그러한 독특한 생체 물질은 틀림없이 새로운 신물질의 원천이 될 수 있을 것이다.

사랑·존경을 뜻하는 붉은색의 붉은점모시나비. 수억 년 동안 들락날락하는 기후 변덕을 극복하고, 환경 변화에 적응하며 진화해 이제껏 목숨을 이어온 훌륭한 존재로 멸종위기 야생생물 I급이면서 새로운 기능성 바이오 소재를 제공할 보물이 될 것이다.

(사)홀로세생태보존연구소 붉은점모시나비의 유전체 정보 및 면역 시스템 연구 현황
(2012~2020 현재)

1. 유용 유전자 발굴 및 기능성 바이오 소재 개발
2. 신약 개발의 연구기반 구축 및 새로운 향균 펩타이드 후보 물질 개발
3. 곤충관련 생명정보 분석기술의 확립 및 인프라 구축
4. 곤충 유전체의 데이터 분석방법에 대한 국내 생물정보학 분석 기술 확보 및 정보 구축

1 알을 낳을 기린초 꽃 위에서 짝짓기를 하는 붉은점모시나비
2 붉은점모시나비 애벌레의 먹이인 기린초

자식 키우는 마음으로 기르는 애벌레

배불리 먹이고 탈피까지 도와주다

밤은 가장 짧고 낮은 대략 15시간 쯤, 1년 중 낮이 가장 길다. 태양이 뜨거운 열기를 발산하고 생물을 키우는 에너지를 내뱉는, 해가 가장 길게 드리워 더 받을 수 없을 만큼 꽉 찬 하지(夏至). 가뭄에 대지가 목이 타고 힘이 들어도 기운이 넘치는 날들, 여름에 이르렀다.

밑은 축축하고 위로는 해가 잘 드는 연꽃 연못 주변에 부처꽃이 떼 지어 예쁘게 피었다. 가난한 서민들이 연꽃 대신 부처님께 공양했던 흔하고 화려한 꽃이라 해서 붙여진 이름 '부처꽃'. 꽃봉오리 여러 개가 피었다 지기를 반복하며 오랫동안 많은 양의 꿀을 낸다. 꺼지지 않은 등불 같은 부처꽃이 곤충들에겐 부처고 낙원이다. 선명한 붉은색 부처꽃에 호랑나비, 산제비나비, 노랑나비, 꼬리박각시가 꽃봉오리마다 주렁주렁 매달려 부처꽃의 향기와 숨소리를 들으며 꿀을 빤다. 자연이 선물하는 한 폭의 그림이다.

이른 봄 알에서 깨어난 애벌레들이 요즘은 입이 미어터지도록 먹어댄다. '각종 벌레가 우글거리는' 시기로 애벌레의 극성기라 할 수 있다. 참나무 잎을 먹는 참나무산누에나방과 개암나무를 먹는 네눈박이산누에나방 그리고 자두나무를 먹는 대왕박각시와 오리나무를 먹는 긴꼬리산누에나방 애벌레는 애벌레의 마지막 단계로, 고치를 만들고 뒤이어 고치 안에서 번데기를 만들어야 하므로 매우 많은 에너지가 필요해 먹성이 좋을 수밖에 없다.

애벌레들에게 준 풍성하던 나뭇잎이 잎맥만 앙상하게 남아 오전에 밥을 주고 돌아서면 또 밥을 달라 한다. 하루에도 몇 번씩 똥을 치워주고 신선한 잎으로 먹이를 갈아주며 아이 키우듯 세심하게 공들여 키운다. 힘이 달려 껍질을 벗지 못하는 애벌레는 조심스레 허물을 벗겨 주어야 하고. 여름의 그 긴 하루도 벌레 돌보느라 짧기만 하다.

온종일 먹어대니 배설량도 어마어마하다. 아침, 저녁으로 애벌레가 싼 똥을 모아 고추에 거름으로 준다. 애벌레는 식량이나 사료용으로 또한 신약의 원료로 가치가 충분하지만 애벌레의 똥도 퇴비와 비료로써 가능성이 크다. 하나도 버릴 게 없는 생물자원이다.

꼬리명주나비는 알에서 번데기까지 약 60일 동안 잘 버텨서 아름다운 나비가 되었다. 날아다니는 자태는 마치 바람 타고 온 민들레 씨가 살포시 내려앉았다 다시 떠오르는 것처럼 가뿐하고 우아한 모습이다. 아직 나라 나비가 없는 우리나라의 국접(國蝶)으로 꼬리명주나비가 거론된

∧ 시계방향으로 부처꽃, 긴꼬리산누에나방 애벌레, 네눈박이산누에나방 애벌레
∨ 참나무산누에나방 애벌레

∧ 애벌레의 탈피를 도와주는 모습. 마치 아이 기르듯 정성을 기울여야 한다.

적이 있었는데, 이 정도 아름다움이라면 충분히 자격이 있지 않을까? 홀로세생태보존연구소를 대표하는 귀엽고 예쁜 캐릭터이기도 하다. 그 녀석에게 붙여준 이름이 프시케였는데, 아름다운 여신과 나비가 같은 이름을 가지고 있는 걸 보면 예나 지금이나 나비는 '아름다움'의 상징인 게 틀림없다. 나비의 속뜻은 결국 '아름다움' 아닐까.

꼬리명주나비의 학명은 세리키누스 몬텔라(*Sericinus montela*)이다. 여기서 세리키누스는 고운 명주를 뜻하고, 뒷날개 끝에 길게 나 있는 돌기가 꼬리 같아 꼬리명주나비가 되었다. 암컷은 검은 바탕에 흰무늬, 수컷은 흰 바탕에 검은 무늬가 있다. 반전된 암수의 색 '흑과 백'이 완벽한 조

∧ 꼬리명주나비 애벌레
∨ 왼쪽 꼬리명주나비 암컷. 오른쪽 꼬리명주나비 수컷

^ 꼬리명주나비 애벌레의 먹이식물인 쥐방울덩굴.

화를 이루어 더욱 돋보인다. 통처럼 생긴 동그란 열매와 지독하기 짝이 없는 냄새 때문에 붙은 까마귀오줌통이라는 재밌는 별명이 있는 쥐방울덩굴은 꼬리명주나비 애벌레의 먹이식물이다. 잡초라며 이 식물을 마구 베어 꼬리명주나비도 덩달아 없어지고 있다.

많은 생물이 슬금슬금 없어지고 있지만, 무관심으로 존재가 잘 드러나지도 않고 멸종위기종은 아슬아슬하게 목숨을 연명하고 있다. 강원도 삼척 하장에서, 석회석 광산 지역인 자병산 자락에도, 강촌 옛 서식지와 폐광 지역인 강원랜드 꼭대기에서도 붉은점모시나비 모습을 보게 될 날을 고대하며 복원 행사를 했다. 기업과 지자체 원주지방환경청과 함께 뜻을 같이한 생명 존중의 복원 노력이었다. 이렇게 한 종이라도 보내지 않으려는 노력은 희망적이지만 종 수준의 부분적 복원은 근본 해결책이 아니다. 서식지 자체를 보전하는 일이 우선 진행되어야 한다. 국립공원은 우리나라 동물 종의 60%, 식물 종의 77%가 분포하고 멸종위기종의 60% 이상이 사는 생태·환경의 핵심 축으로 멸종위기종을 비롯한 야생동식물의 마지막 피난처이며 가장 넓은 서식지이다.

국립공원 설악산을 쪼개고 콘크리트를 부어 케이블카 철탑을 세우려는 시도가 있었다. 잠깐 돈 되는 일을 위해 황금알을 낳는 거위의 배를 가르는 어리석은 일이었다. 설악산은 빼어난 풍광뿐만 아니라 야생동물과 멸종위기 야생생물의 중요한 서식처이다. 공사가 진행됐다면 산양이나, 그나마 목숨을 연명하던 뭇 생명들은 더 이상 살아갈 수 없었을 것이다. 극한 환경에서 살아가는 생물체는 특이한 물질을 갖고 있다. 그들이 멸종됐다면 생명산업의 재료로 활용할 수 있는 물질을 제대로 확인도 못하고 모두 잃을 뻔했다.

온전히 시민의 힘으로 탄생한 제대로 된 대한민국에서는 많은 국민의 뜻을 받아 다른 생물의 안전과 목숨도 사소하게 취급되지 않아야 한다. 국립공원 지정을 시작한 지 벌써 50년, 국립공원에 대한 애정과 생명 의식이 앞서가고 있는데 발목 잡는 일을 해서야 하겠는가? 어떤 인공 시설도 없이 옥빛 물과 폭포, 호수만으로 전 세계 관광객을 불어 모으는 크로아티아의 플리트비체 국립공원은 얼마나 멋진가?

∧ 2017년 6월 8일 경기도 강촌의 옛 서식지에 붉은점모시나비를 방사하고 있다.

붉은점모시나비는 지금…

새벽 4시쯤 되면 멀리서 동이 트고 저절로 눈이 떠진다. 해 뜨기 전 제일 먼저 붉은점모시나비 산란 실험실로 가서 조심스레 알을 뗀다. 방금 낳은 알을 바로 떼다가는 터지기 일쑤고 게으름 피우며 하루 이틀 놔두면 집게벌레, 개미 같은 천적에 먹히거나 알벌이나 기생파리 같은 기생 천적이 알 속에 알을 낳아 버린다.

온도가 떨어지는 새벽녘, 붉은점모시나비가 사람의 인기척에 놀라지 않고 실험실 출입이 자유로우면 딱딱해지고 천적으로부터 목숨을 건진 알을 뗀다. 바닥에 붙은 알을 떼느라 쭈그리고 앉거나 천장에 붙은 알을 조심조심 떼느라 목을 길게 빼다 보면 온몸이 뒤틀린다. 알 떼는 일을 주로 하는 아내가 절로 내는 앓는 소리가 마음에 걸린다. 3시간쯤 알 떼기를 마치고 아침 밥상에 앉아 멸종위기종 벌레를 생각한다. 기쁜 마음으로 일은 하지만 힘이 든다.

종일 붉은점모시나비 생각하고 붉은점모시나비의 눈으로 세상을 보며 오랜 기간 노력 끝에 사육 방법을 찾았다. 그러나 새벽부터 일만 한다고 되는 일이 아니었고 붉은점모시나비가 나에게 보내 준 '살려달라'는 메시지를 잘 읽은 덕분이다.

대를 이어 번식시킬 방법은 터득했지만 계속 성공한다는 확신은 없다. 지구가 뜨거워지면서 절기도 예전보다 많이 흐트러진 듯하고 철없이 제 시간을 잃고 마구잡이로 변하는 계절이 걱정된다. 생태·생리적인 연구는 착착 진행됐지만 점점 더워지는 지구에서 차가운 곳에 적응해 진화한 곤충이 온전할지 확신이 없다. 온도 발육 실험을 근거로 붉은점모시나비 우화 실험을 시작한 지 9년이 지났다. 2011년 최초 실험을 시작할 때보다 최근인 2019년에는 무려 17일이나 빨리 날개를 달고 나왔다.

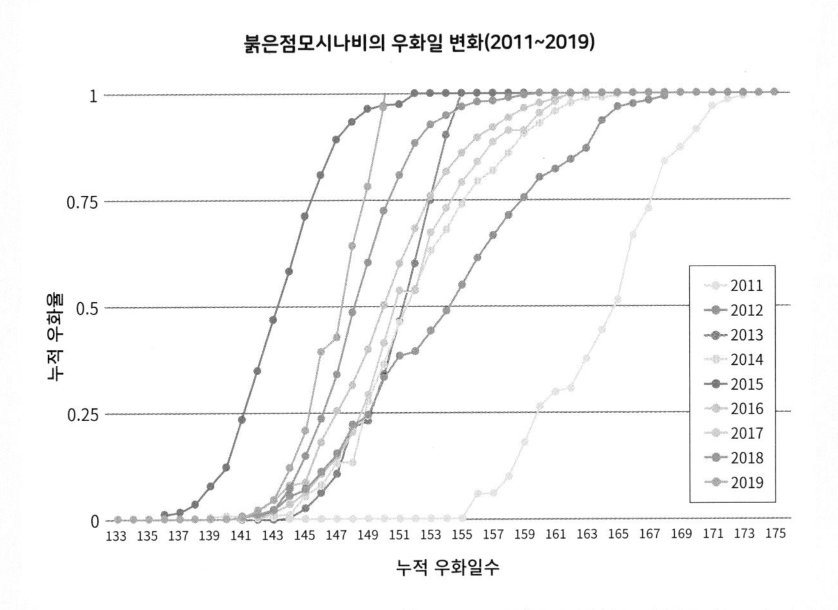

∧ 야외실험실의 붉은점모시나비 우화 패턴. 번데기가 깨어나는 시기가 점점 앞당겨진다.

개미나 집게벌레가 몇 개의 알을 집어 삼키는 것은 겁도 안 나지만 잠깐 사이에 돌아가며 모든 알에 알을 낳는 기생벌은 사실 모든 개체를 전멸시킬 수 있어서 무시무시하다. 붉은점모시나비 알은 단단하고 올록볼록해 사실 알을 낳기가 상당히 어려울 텐데 기생벌의 산란 침은 어렵지 않은 것 같다. 특수하게 제작한 케이지에 넣는 순간에도 눈에 띄지 않게 알을 낳아 한 달쯤 지나면 케이지 안에 기생벌이 새카맣게 목격된다. 더욱이 기가 막힌 것은 '혹한을 잘 견디고 천적을 피했다' 생각한 번데기에서 기생벌이 빠져 나오는 모습이다. 곤충 중에서 가장 많은 종을 차지하는 것이 벌목인 까닭은 모든 종에 기생하는 벌이 기본적으로 있고 거기에 그 이상의 종이 존재하기 때문일 것이리라.

1 전자현미경으로 촬영한 붉은점모시나비 기생 알벌
2 붉은점모시나비 기생벌
3 붉은점모시나비 알을 제때 수거하지 않으면 고마로브집게벌레의 몫이 된다.
4 붉은점모시나비의 번데기에서 우화하는 기생벌

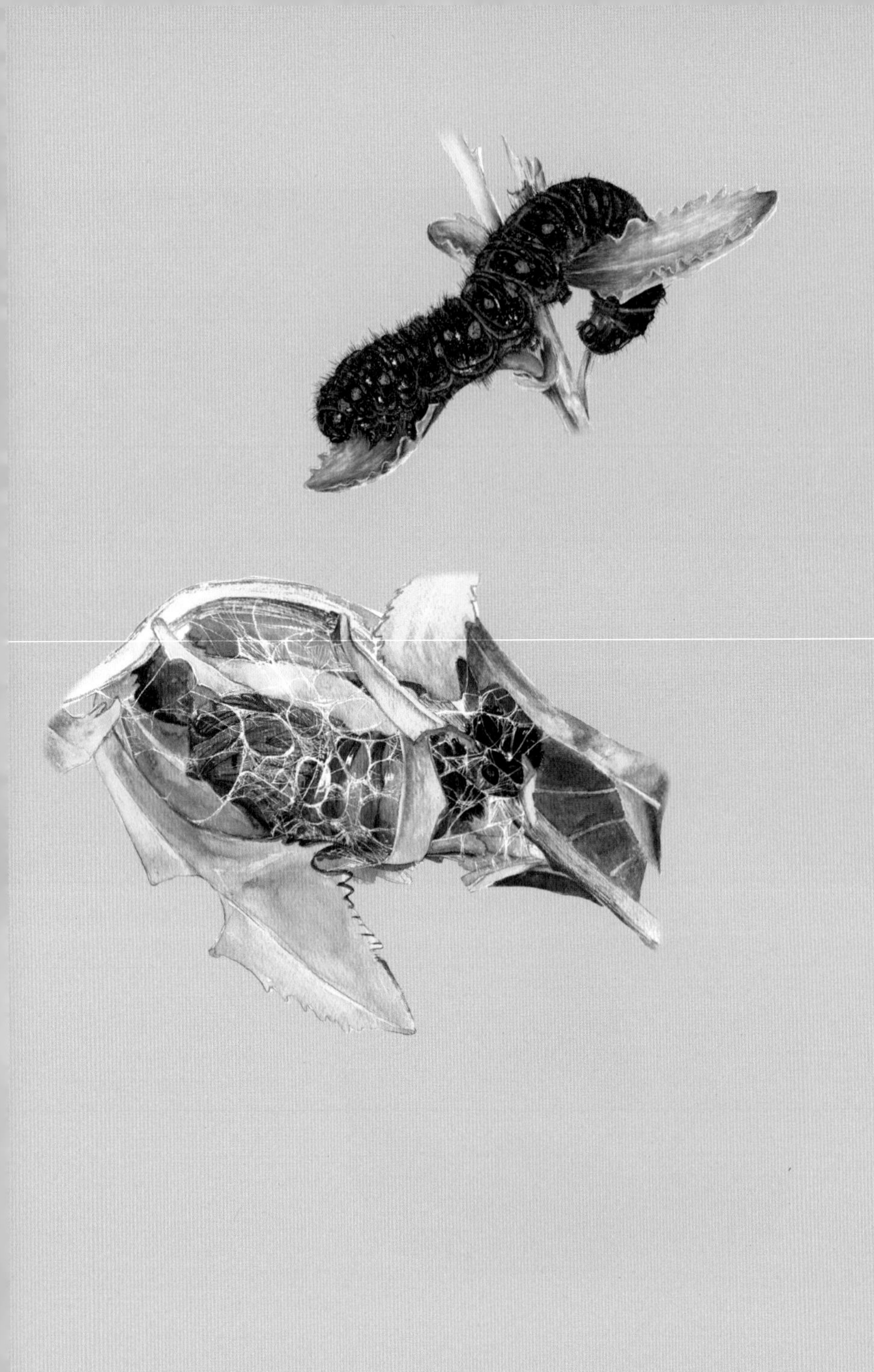

제3부

경쟁과 천적을 피하는 지혜

겨울나기를 준비하는 대왕박각시

체색을 바꾸고 번데기를 틀다

바람이 불어 산을 뒤흔든다. 미처 따먹지 못해 까맣게 달려있던 오디가 바람에 흔들려 툭툭 떨어져 발에 밟히고, 진한 향을 내던 밤나무 꽃이 길에 수북이 쌓였다. 맛 좋았던 오디도 예뻤던 밤나무 꽃도 떨어지고 나니 거추장스러운 존재가 됐다. 오늘은 '작은 더위'라 불리는 소서(小暑)지만 장마 뒤끝이라 푹푹 찐다. 본격적으로 더워질 것이다.

봄과 함께 깨어나 발육을 시작했던 산왕결물결나방 애벌레와 대왕박각시 애벌레가 어느새 겨울나기를 준비한다. 알에서 깨어나 머리와 배 끝부분에 필라멘트처럼 생긴 꼬불꼬불한 긴 돌기를 붙이고 몸집을 커 보이게 하더니 마지막 애벌레 시기가 되자 이제 다 컸다고 돌기를 벗어버린다. 대왕박각시 애벌레도 땅속으로 들어가기 직전, 마지막 단계에는 땅 색깔과 어울리는 진한 갈색으로 체색을 바꾸고 더욱 날카로워진

다. 살짝 건드리기만 해도 10cm가 넘는 거대한 몸을 격렬하게 뒤틀고 18개의 숨구멍을 통해 쉭쉭 공기를 내뿜으며 큰 소리를 내어 깜짝 놀라게 한다. 산왕결물결나방 애벌레와 대왕박각시 애벌레가 네 번의 껍질을 벗고 번데기를 틀었다.

참나무산누에나방, 긴꼬리산누에나방도 2막으로 넘어간다. 엄청나게 과식을 하더니 며칠간은 먹는 양이 급격히 줄고 움직임이 적어지면서 나뭇잎 여러 개를 이어 붙여 포대기 싸듯 자신의 몸을 감싸 동그란 형태의 고치를 만들기 시작했다. 약 스무 시간 이상 고치를 만들어야 하므로 에너지도, 시간도 많이 들지만 튼튼한 집을 지어 그 속에서 번데기가 되면 생존 확률이 훨씬 높기 때문에 수고를 마다치 않는다. 그동안 무지막지하게 먹어대던 애벌레들의 먹이가 되느라 여기저기 몸 일부를 잘라주던 복숭아나무와 쥐똥나무 그리고 참나무와 오리나무도 조금 편해졌다.

며칠째 내리퍼붓던 장맛비와 후텁지근한 날씨 덕분에 불쑥 올라온 발그레한 연꽃 꽃봉오리 끝에 중간밀잠자리가 무심히 앉아 졸고 있다. 흔들리는 넓은 연잎 푸른 물결 사이로 헤엄치는 물고기와 올챙이를 잡아먹으려 왜가리가 외다리로 서서 노려보고 있다. 멈춘 듯 조용히 서 있는 풍경이 한가롭지만, 사실은 먹고 도망가는 치열한 삶터이다.

6월 10일 물장군이 짝짓기와 산란을 시작했다. 물장군이 잔뜩 낳아준 알에서 깬 깨알 같은 애벌레들이 먹성을 자랑하며 한창 커가는 때라 먹이인 올챙이나 아주 작은 물고기를 보충해주고, 죽은 물고기 시체와 배설물을 치워주고, 수질 악화를 막기 위해 일주일에 한 번 바닥 모래까지

∧ **왼쪽** 진한 갈색의 대왕박각시의 마지막 애벌레는 본격적인 여름 들머리인 소서에 땅속에서 애벌레로 겨울을 날 준비에 들어갔다. **오른쪽** 어린 산왕물결나방 애벌레의 머리와 배끝에는 커 보이게 하는 돌기가 나 있다.

∨ **왼쪽** 돌기를 벗어버리고 번데기 준비를 하는 산왕물결나방 애벌레. **오른쪽** 산왕물결나방 번데기

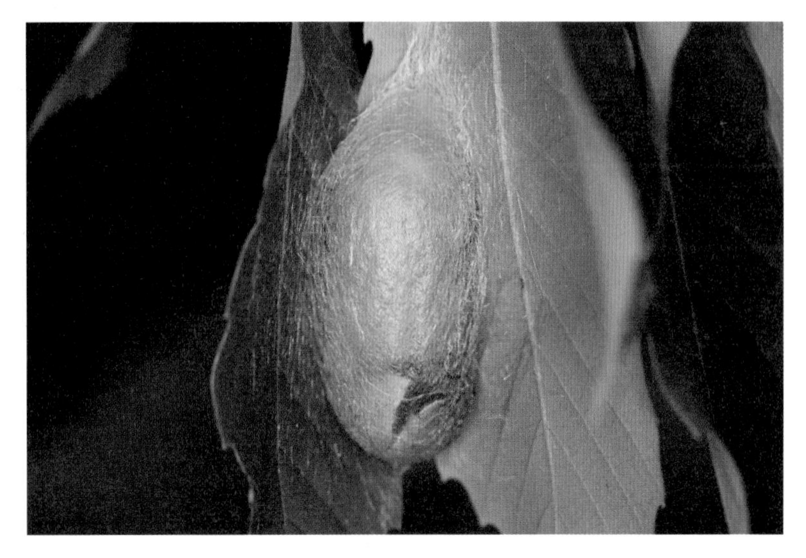

∧ 참나무산누에나방 고치
∨ 긴꼬리산누에나방 고치

∧ 물장군 알
∨ 올챙이를 잡아먹는 물장군 2령 애벌레

바꿔 줘야 하는 강행군이 또 시작된다. 그나마 물장군 먹이를 공급할 수 있는 수련원이 제 역할을 톡톡히 해 줄 수 있어 다행이다.

연구소 맨 끝자락에 있는 수련원은 자체로 물이 나는 둠벙 지역이라 큰 웅덩이를 만들었을 뿐인데 딱 1년 만에 이렇게 생물이 다양해질 수 있는지 놀랍다. 무릎까지 오는 얕은 수심에 여름의 뜨거운 햇볕을 그대로 받아, 높은 수온을 유지하고 밑으로는 자체적으로 용솟음치는 물로 서늘하다. 물살이 빠르지는 않지만 늘 흐르며 깨끗하다. 반나절 담가두었던 통발에 들어온 생물들을 하나하나 펼쳐보니 생물다양성이 놀랍다.

물고기와 물고기를 잡아먹는 송장헤엄치게, 송장헤엄치게를 잡아먹는 물방개 애벌레와 장수잠자리, 왕잠자리 애벌레, 좀잠자리 애벌레… 참 종류도 많다. 조그만 웅덩이도 이처럼 그냥 흐르는 대로 놔두면 안정된 생태계를 유지하며 수자원의 역할을 충분히 하는데 물길을 막아서는 될 일이 없다.

2018년 7월 4대강 사업에 대한 4차 감사 결과가 나왔다. 죽지도 않은 강을 굳이 살리겠다고 엄청난 돈을 쏟아부어 촘촘한 먹이사슬을 인간의 간섭으로 끊어놓은, 결론적으로는 재앙이었다는 결론이다. 애초에 거짓 근거와 속임수를 써서 강행했으니 당연한 귀결이지만 과학적이고 기술적인 검증을 했다고 근거를 제시한 가짜 과학자, 엉터리 전문가를 그냥 넘겨서는 안 될 일이다. '확실하다, 옳다'라고 주장했던 근거를 다시 우리에게 설명하고 그 근거를 들어야 한다. 최소한 전 국토를 재앙으로 몰아넣은 이유는 들어봐야겠다.

∧ 왼쪽부터 물고기를 잡아먹는 송장헤엄치게, 송장헤엄치게를 잡아먹는 물방개 애벌레, 좀잠자리 애벌레
∨ 왼쪽 날개돋이 한 장수잠자리와 헌 껍질, 오른쪽 왕잠자리 애벌레

∧ 수련원에 빠진 경운기

호사다마(好事多魔)라고. 생물다양성의 보고가 된 수련원이 쏟아붓던 며칠 동안의 폭우로 제방이 많이 유실됐다. 떨어져 나간 제방을 수리하다 경운기가 7m 아래 벼랑으로 떨어지는 큰 사고가 났다. 천행으로 아무도 다치지 않았지만 지금도 생각하면 아찔하다.

붉은점모시나비는 지금…

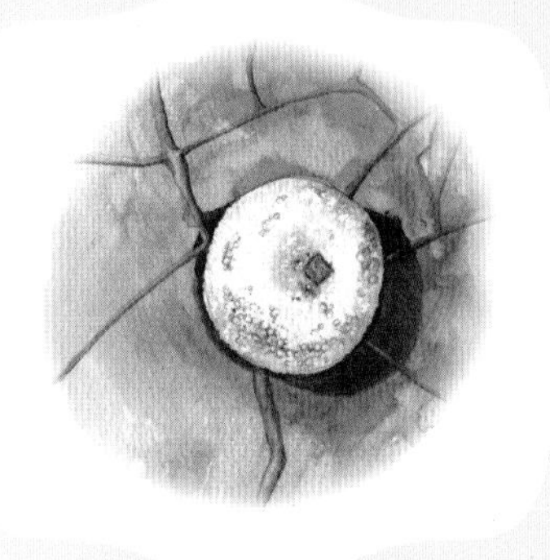

5월 27일부터 6월 18일까지 약 20일간 붉은점모시나비가 산란을 마쳤다. 아름다운 붉은점모시나비로 불같이 산 일주일의 짧은 삶이었지만 강하고 탄탄한 120여 개의 알을 낳고 번식을 마쳤다. 붉은점모시나비 알은 동그란 형태이며, 180여 일의 무더운 여름과 추운 겨울을 버텨야하므로 온도 변화에 민감하지 않은 요철을 지닌 엠보싱의 특수한 구조를 갖고 있다. 올록볼록한 형태의 알껍질은 수분 증발을 막아주고 직사광선을 피하게 해준다. 또한 알 속은 배자 발생 시 수분이 매우 낮은 겨울철을 대비해 16일 만에 애벌레로 발생을 마치고 알 속의 애벌레로 여름을 나고 겨울에 부화하는 매우 특별한 생리를 지니고 있다. 여기저기 낳은 알을 모두 수거해 소독한 나뭇잎에 한 알 한 알 정성스럽게 붙인다. 몇 해 전 겨울에 연구소에 방문했던 환경부 차관의 말이 떠오른다. "참 기가 막히네요! 암컷 나비가 어떻게 알고 이렇게 순서대로 차곡차곡 열 맞춰 알을 낳았을까?" 농담인 줄 알았는데 눈치를 보니 정말 그렇게 생각하는 것 같아, 얼른 "알 수준에서 전체 개체수와 부화 상태를 파악하기 위해 알을 하나하나 우리 연구원들이 모두 붙인 것이다"라는 대답을 해 주었던 기억이 난다.

∧ 낙엽에 붙인 붉은점모시나비 알. 나비가 아니라 연구원이 여기저기 낳은 알을 가지런히 모아 놓은 것이다.

동종포식까지 하는 난폭한 물장군

오염된 먹이와 서식지 파괴로 멸종위기종이 되다

강이 바닥을 드러내고 땅이 팍팍한 끝 모를 가뭄으로 아주 오랫동안 비를 기다렸는데, 그 끝에 장마가 왔다. 비만 내리면 장마라도 좋다고 했는데, 장대비가 몇 날 며칠을 쏟아 부어 큰물이 나가면서 수련원 둑이 터지고 제방이 무너졌다. 지진이 난 것처럼 땅이 갈라졌지만 아직 수습을 못하고 있다. 날이 가물어도, 비가 많이 내려도 걱정이니 산속 생활이 만만치 않다.

장마가 오락가락하고 햇살이 뜨겁다. 가뭄에 굴하지 않고 잘 버텨온 식물들이 뜨거운 햇살과 많은 물을 받아 산을 검푸른 숲으로 덮었다. 오늘은 '염소 뿔도 녹는다'고 하는 가장 더운 대서(大暑). 고온과 다습에 끈적끈적해 가만히 앉아 있어도 땀이 줄줄 흐르고 뜨거운 열기가 밤까지 이어진다. 원시적 생명력인 해와 물로 한창 열매를 맺는 여름, 그 한 가운데에 있다.

맑은 분홍색 비단실을 부챗살 모양으로 펼쳐 놓은 화려한 모습과 은은하고 달콤한 과일 향이 나는 자귀나무 꽃이 폭죽처럼 터질 때쯤 장마가 온다. 올해로 연구소 만든 지 23년이 되었지만 자귀나무 꽃 필 때 장마가 오지 않은 적은 2016년밖에 없다. 자귀나무와 장마의 동시적 발생을 알고는 있지만 어떻게 그렇게 잘 맞아 떨어지는지 신기하기만 하다. 그래서 늘 물에 푹 젖어 싱싱한 자귀나무 꽃을 온전하게 보지 못한다.

자귀나무를 영어로 '비단 나무(Silk tree)'라 하는데 이는 비단실 모양의 꽃을 보고 이르는 것이고, 진짜 값비싼 비단을 만드는 놈은 방적돌기에서 뽑아낸 실로 고치를 만드는 말 그대로 '비단 벌레'인 누에나방이다. 누

∧ 자귀나무

에나방의 변태 과정에서 번데기를 보호하기 위해 만든 고치를 물에 풀어 이렇게 우아한 직물을 만들어 낸 곤충 산업이 이미 5,000년 전부터 지금까지 이어져 오고 있다. 한낱 벌레에서 그렇게 아름답고 귀한 비단이 나올 줄은 서양에서는 꿈에도 생각 못했을 것이다. 누에나방에서 비단을 만드는 원리를 모르던 서기 200년경 유럽에서는 꽃에서 비단을 만들어 낸다고 믿었는데 아마도 그 꽃이 비단실 모양의 자귀나무 꽃이 아니었나 싶다.

이맘때면 붉은 꽃 4인방인 자귀나무, 노루오줌, 부처꽃, 꼬리조팝나무가 한창이다. 모두 붉은색으로 숲속을 아름답게 수놓으며 많은 곤충을 유인한다. 4꽃 4색. 맛과 향이 달라 찾아오는 곤충 종도 다르다. 자귀나무 꽃에는 늘 제비나비 종류의 큰 나비와 꼬리박각시 종류가 자리를 차지한다. 부처꽃엔 흰나비와 호박벌이 큰 손님이고, 꼬리조팝나무에는 온 몸을 파묻고 열심히 꿀을 먹는 꽃무지 무리와 붉은산꽃하늘소의 짝짓기가 한창이다. 노루오줌은 기다란 꽃대에 조그마한 꽃벼룩과 점날개잎벌레들이 조화를 이룬다. 붉은 꽃 4인방이 무리 지어 무지갯빛 화려한 색으로 피어있는 연구소 연못 주변은 온갖 곤충이 늘 꼬이는 그야말로 곤충들에겐 천상의 낙원이다.

아름다운 꽃에, 빛나는 곤충에, 여름 더위를 막아주는 넉넉한 꽃그늘이 있는 자연을 가까이 하는 것만으로도 내 자신이 온전해진다는 느낌을 받는다. 참 황홀하다.

노린재목에 속하는 물장군(*Lethocerus deyrollei*)은 탄탄한 근육의 굵직

∧ **왼쪽** 누에나방 애벌레. **오른쪽** 꼬리조팝나무 꽃에서 짝짓기 중인 붉은산꽃하늘소
∨ **왼쪽** 꼬리조팝나무 꽃에서 짝짓기 중인 호랑꽃무지. **오른쪽** 노루오줌 꽃을 먹고 있는 점날개 잎벌레와 꽃벼룩

한 앞다리 갈고리로 먹이를 꽉 움켜잡고 뾰족한 주둥이를 꽂아 사냥한 체액을 빨아먹는다. 세 시간 이상 남김없이 빨아먹고 나면 나중엔 커다란 개구리나 버들치 같은 먹이도 너덜너덜 빈 껍질만 남는다. 크기뿐만 아니라 위엄과 무시무시한 용력을 갖고 있다는 사실을 강조한 '물장군'이라는 이름이 제격이다.

물속의 움직이는 모든 생물을 잡아먹는 왕성한 식욕에, 알에서 부화하여 어른이 될 때까지 대략 8g짜리 물고기 52마리를 먹는 대식가인데다 '동종포식(同種捕食)'이라는 잔인함까지 있다. 동종포식이란 말 그대로 같은 종을 잡아먹는 것인데, 사마귀 암컷은 짝짓기 도중 부족한 에너지를 보충하고 짝짓기에 집중하도록 수컷 사마귀를 잡아먹는다. 끔찍해 보이지만 수컷도 기꺼이 동의한 확실한 번식 전략이다. 이에 비해 물장군 암컷은 먹이가 부족한 상황이 닥치면 배고픔 때문에 속도가 빠른 물고기보다는 단지 사냥하기 수월하다는 이유로 수컷을 잡아먹는다. 그저 물속의 망나니가 아닌가 하는 생각이 든다.

무시무시한 난폭자에다 크고 위험한 곤충이지만 부성애는 정말 특이하고 감동적이다. 가장 강력한 포식자이지만 알이 다른 생물의 먹이가 될까 두려워 물위의 수초나 나무에 알을 낳는다. 물 바깥이라 늘 건조할 수밖에 없어 물을 보충하면서 발육을 돕는 포란은 당연하다. 알을 지키는 내내 신경을 곤두세워, 먹는 것도 잊은 채 움직일 생각도 하지 않아 그 상태로 굳은 건 아닌가 싶을 정도로 꼼짝하지 않는다. 수컷의 헌신적 노력 없이 무사히 부화하기란 불가능하다. 암컷에게 먹이로 몸을 내주

∧ 왼쪽 물장군의 동종포식. 오른쪽 물장군 어른벌레의 당당한 모습
∨ 왼쪽 암컷이 낳은 알에 규칙적으로 수분을 공급하여 극진하게 돌보는 수컷. 오른쪽 짝짓기 뒤 산란하는 물장군 암컷

기도 하고 몸 바쳐 새끼 키우는 물장군 수컷은 가장 안쓰러운 곤충이다.

극진한 수컷의 돌봄으로 알에서 무사히 깨어난 지 65일 만인 엊그제 다섯 번의 탈피를 거친 새끼 물장군은 마침내 우람하고 건장한 어른 물장군으로 변신했다. 2017년에는 가뭄이 심해 동네 웅덩이와 연구소 연못에 낳아 놓은 개구리 알이 부화하기 전 다 말라 버려 2cm 미만의 작은 물고기를 사서 먹이는 바람에 경제적인 부담이 더 컸다. 자연의 도움 없이 인위적 노력만으로는 쉽게 감당할 수 없는 일이다.

물장군은 평생 물속에서 사는 수서곤충으로 논에서 쉽게 볼 수 있었던 친근한 곤충이었다. 예전의 논은 언제나 물이 차 있었다. 그러나 보를 만들면서 모를 심는 봄이면 물을 채우고 벼 베기를 할 즈음이면 물을 빼 버리는, 물이 들락날락하는 논은 불안정 서식처가 되었다. 게다가 논에 농약을 뿌리기 시작하면서 농약에 오염된 물고기를 먹는 물장군은 먹이에 있던 모든 농약을 몸에 축적(생물 농축)하게 되어 물에서 사는 생물 중 가장 먼저 멸종의 길로 들어서게 됐다. 또 불을 보면 이끌리는 야행성 곤충인데다 몸에 비해 날개는 작은 편이라 불빛보고 쫓아갔다가 도중에 도로에 떨어져 로드킬을 많이 당한다. 시골 구석구석 가로등 설치 안 된 곳이 없으므로 이제 편하게 살 곳이 전혀 없어진 셈이다. 따라서 인공 사육, 증식시키는 일이 무엇보다도 중요해졌다.

짝짓기 후 산란을 마치면 동종포식을 막기 위해 우선 암컷을 분리하고 수컷이 편안하게 알을 돌볼 수 있도록 환경 조성을 해 주어야 한다. 알에서 막 깨어난 1령 애벌레와 1번 탈피한 2령 애벌레들은 작고 연약하지

∧ 물장군 애벌레가 자기 몸집보다 큰 물고기를 잡아먹고 있다.
∨ 물고기를 공동 사냥하는 물장군 새끼들

만 식욕은 왕성하다. 자기보다 몸집이 큰 먹이를 잡아먹는 것은 아주 어려운 도전이라 때때로 협력하여 공동 사냥을 하기도 한다. 1, 2령 애벌레는 작은 송사리나 올챙이를 먹어야 하니 부화하기 전 수천 마리의 올챙이를 따로 준비해야 한다. 아직 사냥 능력이 부족한 물장군 새끼에게는 먹이를 잡아 입에 대 주기도 하고 애벌레들이 먹고 난 사체는 최대한 빨리 치우고 배설물을 깨끗이 닦아줄 뿐만 아니라 수조에 깔아 놓은 모래도 수시로 갈아 물이 썩지 않도록 한다. 커갈수록 먹이양이 점점 많아져 3령 이후에는 크기에 맞는 붕어부터 큰 미꾸라지, 개구리까지 제때에 충분히 공급해야 한다. 어른이 되기 직전인 4령부터는 힘을 확신한 듯 꼭 먹지 않더라도 눈앞을 지나가는 물체만 있으면 공격하는 난폭함 때문에 방 한 칸에 한 마리씩 공간을 나눈다. 먹이를 충분히 주고 힘껏 몸을 움직여 열심히 키워도 애벌레가 어른까지 크는 확률은 겨우 30% 내외. 겨울을 나면서 또 30% 죽는다. 고생에 비해 생존율은 낮다.

멸종위기에 처한 귀하디귀한 물장군을 보전한다 하지만 올챙이부터 물고기까지 다른 생명을 먹이로 제공하는 일이 늘 꺼림칙하다. 생물다양성의 씨앗을 확보하는 마음으로 키우지만 때때로 물장군 사냥 장면을 보는 아이들이 물고기가 불쌍하다고 할 때마다 내 마음도 아프다. 그나마 최근 들어 실험을 통해 국내 생태계에 치명적 해를 끼치는 침입 외래종인 황소개구리 올챙이와 블루길 밀도를 조절해주는 중요한 역할을 확인하여 다행이다.

요즘 연구소의 거의 모든 일손은 물장군 사육이다. 실험 방식이나 기자재는 첨단화됐지만 사육 시스템은 앞으로도 전혀 바뀔 게 없고 오직 노동력으로만 가능하다. 새벽부터 밤까지 또 다시 도시에서와 같은 바쁜 일상이 되어 버렸다. 자연이 좋아 선택한 시골의 여유로움은 뒤로 한 채 멸종위기종을 사육하느라 우리가 멸종될 처지다.

2017년 5월부터 지리산 국립공원의 아고산대 주요 수종인 구상나무와 분비나무 고사 원인에 대해 곤충을 중심으로 조사했었다. 아쉽게도 예산 부족으로 조사가 중지되었지만 조사 중 만난 많은 사람들이 걱정했다. 지리산 댐을 다시 들고 나와 이 아름다운 지리산을 수장시키려 하고 있다고. 가리왕산 숲을 벗겨 스키장을 만들고 4대강을 막아 시퍼렇게 멍들게 한 것도 모자라 설악산을 넘보고 국립공원 제 1호인 지리산을 들쑤셔 불길한 불씨를 만들겠다고? 이만큼 아름다운 자연을 어디서 볼 수 있다고 자연에 갑질을 하나! 법대로 원칙대로만 해서 낙동강을 깨끗이 하면 한 번에 해결될 일을.

여름을 배웅하며 우는 매미들

기후변화로 인해 외래종이 생기다

절절 끓는 지구로 절기가 무색하다. 여름이 지나고 가을에 접어들었음을 알리는 8월 7일은 입추(立秋). 그러나 진작부터 시작된 폭염이 한 달 이상 가면서 아직도 후끈 달아오른 대지에 대번에 숨이 막혀오고, 얼마나 햇볕이 뜨거운지 정수리가 탄다. 살인적인 햇볕만 내리쬐고 열기만 쏟아내는 구름 한 점 없는 새파란 하늘이 무시무시하다.

41.3℃. 우리나라 기상청 사상 최고 기온 기록을 바꾼 횡성. 횡성 가운데에서도 깊은 산속에 있는 연구소 온도는 그보다 더 높은 41.4℃다. 완전한 분지 형태라 주변보다 온도가 높고 해가 지면 곤두박질쳐 일교차가 무려 20℃로, 롤러코스터를 탄다. 폭발적인 더위와 가뭄으로 연구소 주변의 식물들이 타들어 가고 있다.

대기가 꼼짝 않고 제자리에 있으면서 끊임없이 열은 올라

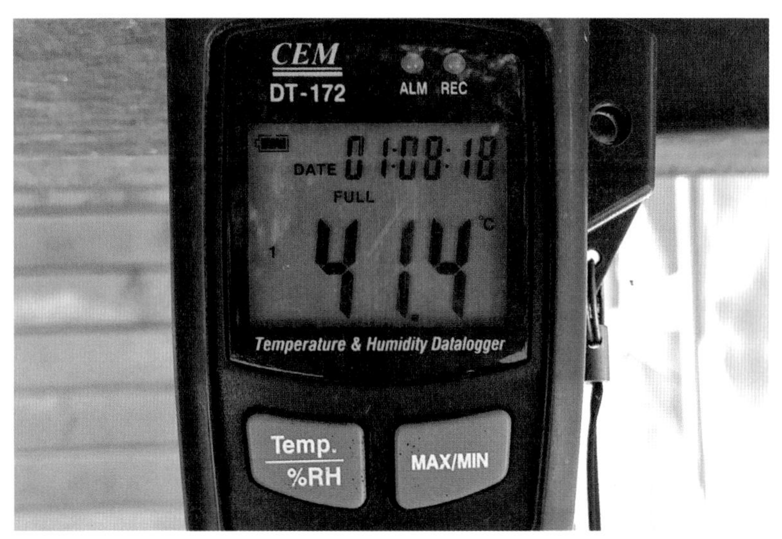

∧ 2018년 8월 1일 연구소에서 잰 온도계가 기록적인 41.4℃를 나타내고 있다.

가고, 순환이 되지 않으니 미세먼지도 많고 오존 농도도 높다. 뜨거운 열기로, 또 먼지로 사람도 힘들고 자연 속 다른 생물들도 힘들어하고 있다. 태풍과 홍수 그리고 이제는 폭염도 자연재해라 하는데, 그저 자연에서 일어나는 폭발적인 자연 현상으로만 치부하기는 어렵다. 불타오르는 지구를 눈으로 보고 몸으로 느끼면서도 인간이 만들어 낸 지구온난화를 모른 체할 수 있을까?

이 무시무시한 더위에 그나마 연구소 숲속을 거닐면 숨 쉴 만하다. 게다가 아침부터 울어대는 맴, 맴, 맴 청량한 매미 소리는 잠시 찜통더위를 식혀 준다. 매미 소리는 자신을 알리고 짝을 찾는 신호지만 여름의 클라

이맥스, 곧 물러갈 여름을 가리키기도 한다. 늘 시끄럽다 표현했던 매미 소리가 이토록 반가운 적이 있었는지. 옛날부터 한창 무더울 때쯤 청량한 매미 소리와 무궁화 꽃이 무더위와 시름에 젖은 농민들을 위로했다는데, 과연 매미 울고 무궁화 꽃이 피었다. 2015년 심었던 멸종위기 식물인 노랑 무궁화 '황근(黃槿)'이 종 모양의 노란색 커다란 꽃을 피웠다. 귀한 여름 꽃과 여름의 클라이맥스를 알리는 매미 소리로 노곤했던 무기력증이 조금 사라진다. 아무리 더워도 꽃은 피고, 짝을 짓고 번식은 계속된다.

몇 해 전인가 도법 스님이 전국 생명평화탁발순례 도중 연구소에 방문하셨다. 식사를 방해하는 파리를 보시고, 선문답같이 "파리를 죽여야 합니까? 살려 줍니까?"라고 물으셨던 적이 있다. 아마 곤충학자이므로 어떤 이유를 대서라도 살려야 한다고 답할 줄 기대하셨건 것 같다. "집 안으로 들어와서 밥상을 더럽히거나 윙윙거리며 귀찮게 하면 잡고, 밖으로 나갔을 때 만나면 제가 피하죠. 각각 다른 생명체의 영역은 존중해야 하니까요. 인간도 생태계의 한 구성원이므로 죽일 수도 잡아먹을 수도 있고 기꺼이 다른 생물을 위해서 자리를 비켜줄 수도 있어야 하지요." 스님이 어떻게 생각하셨는지는 몰라도 아슬아슬하게 위기를 넘겼던 기억이 있다.

같은 매미라는 돌림자를 쓰더라도 신부날개매미충, 꽃매미, 갈색날개매미충, 매미나방은 싫다. 이름은 예쁘다. 배 끝에 달린 부드럽고 하얀 실루엣(사실은 흰색의 미끈미끈한 밀랍 물질)이 신부가 하얀 웨딩드레

∧ 짝짓기하는 참매미
∨ 멸종위기 야생생물 Ⅱ급으로 무궁화속 식물 가운데 유일하게 우리나라에 자생한다. 황근은 '노란 무궁화'란 뜻

스를 입은 듯 예뻐 보여 신부날개매미충이라 한다. 꽃매미! 꽃처럼 아름다운 매미. 역시 이름이 예쁘다. 붉은빛 뒷날개가 특징이어서 한때 주홍날개꽃매미라는 애칭을 갖고 있었다. 갈색날개매미충은 갈색 날개에 나름 패셔너블한 물결 모양의 무늬가 있다. 이런 매미충들은 다른 매미들처럼 소리를 내지 않고, 줄기 속이나 나무껍질 틈에 산란해 미리 살피는데 어려움이 있다. 닥치는 대로 모든 식물의 신선한 즙을 짜 먹어 생장을 떨어뜨리며, 먹은 후 싸는 배설물은 잎에 새카맣게 덕지덕지 붙어 그을음병을 유발하여 심하면 식물을 말라죽게 한다.

이들 매미충과는 다른 곤충인 매미나방. 알을 낳기 위해 나무에 붙어 있는 모습이 마치 매미처럼 보여 매미나방이라 하고, 영어 이름은 유랑집단을 뜻하는 'Gypsy moth(집시나방)'이다. 어디든 떠돌아다닐 수 있으며 어떤 식물이든 이파리 하나 남기지 않고 먹어치우는 가장 파괴적인 나방이다.

가뭄과 찌는 듯한 더위의 고통에 굴하지 않고 잘 버틴 식물의 고혈을 짜내고 주변의 다른 생물 먹거리를 다 빼앗아 결국에는 식물까지 죽게 하는데, 곤충학자라고 어찌 이들 벌레를 좋아할 수 있는가? 너무나 파괴적이고 나무 전체를 빼곡하게 점령한 군대 같아 필자도 스스럼없이 해충이라 한다. 더욱 큰 문제는 이들이 불청객이라는 사실. 이들은 최근에 기후변화로 우리나라에 들어온 침입 외래종으로 돌발적으로, 폭발적으로 발생할 가능성이 매우 크다. 농작물은 물론 주변 야생 생물까지 무사하지 못할까 큰 걱정이다.

∧ 왼쪽 꽃매미. 오른쪽 꽃매미 애벌레
∨ 왼쪽 신부날개매미충 애벌레. 오른쪽 갈색날개매미충

∧ 매미나방 애벌레
∨ 산란 중인 매미나방

폭염이 이어졌던 불타는 지옥을 몸으로 느끼며 '여섯 번째 대멸종'이 정말 바짝 다가온 것 같은 특별한 경험을 한 2018년 여름이다. 인간의 자연 파괴적인 활동으로 지구를 달궈 생물을 멸종시키고 전 세계적으로 생물들을 그들의 안식처에서 떠나게 해 결국은 모든 생물종을 외래종으로 만들고 있다. 마침내는 원인 제공자인 인류의 생존도 장담할 수 없는 지경에 다다른 것 같다.

온난화로 대표되는 기후변화는 온도에 민감한 변온동물인 곤충과 직접적인 관계가 있다. 따뜻해지면서 그 동안은 월동을 못하던 곤충들이 겨울을 나서 세대를 이어갈 수 있으며 짧은 생애 주기를 가졌기 때문에 더 많이 발생할 수가 있다. 각종 전염병을 일으키는 모기가 더 많이 발생할 수 있고 온갖 작물에 해를 끼치는 침입 외래종이 점점 확대되고 있다. 기후변화가 일차적으로 곤충의 유입과 발생에 영향을 주지만 궁극적으로는 인간의 생명과 식량 및 산업에 심각한 위협이 될 것이다. 미세먼지와 불규칙한 자연재해가 일상이 된 지금은 환경과 생명, 안전이 중심 가치가 되어야 한다. 당장의 편리와 단기적 경제성을 이유로 개발을 더 늘리겠다는 건 궁극적으로는 경제를 망치고 미래 세대에게 죄를 짓는 일이다. '환경친화적인 삶을 살 것이냐, 말 것이냐'가 아니라 '어떻게 환경친화적으로 살 것이냐'가 우리의 화두다.

개똥벌레라고 불리는 늦반딧불이 애벌레

이름에 정확한 생태 정보가 담기다

창문을 열면 늦여름의 진득한 열기 대신에 서늘한 바람이 들어온다. 천둥, 번개와 폭우 사이로 간간이 보이는, 미세먼지 없는 맑고 투명한 하늘과 높은 하늘의 희고 파랗고 잔잔한 구름이 계절의 변화를 알려준다. 이미 입추부터 시작한 선선한 기운을 받아 나머지 더위를 몰아내는 오늘은 처서(處暑). 이때쯤 구름 결 따라 쏟아지는 은하수 아래 새로운 별빛 세상, 어둠을 가르고 명멸하듯 반짝반짝 반딧불이 세상이 펼쳐진다.

늦반딧불이는 애반딧불이나 파파리반딧불이 등 다른 반딧불이에 비해 늦게 출현하므로 붙여진 이름이다. 또 다른 이름인 개똥벌레는 늦반딧불이 애벌레를 가리킨다. 이 애벌레는 육지에 사는 달팽이 종류를 잡아먹는다. 옛날엔 개똥이나 닭똥 같은 동물 배설물을 퇴비로 사용하기 위해 집 근처에 쌓아놓곤 했다. 그래서 주변은 항상 축축한 상태였다. 습기 많은

곳을 좋아하는 달팽이 역시 주변에 모이고, 먹이를 따라가는 포식자인 늦반딧불이 애벌레도 자연히 개똥 주변에서 자주 볼 수 있어 개똥 무덤에 사는 벌레로 여기게 된 것이다. 개똥벌레란 이름은 늦반딧불이의 행동 특성을 이해한 아주 정확한 생태 정보를 담고 있다. 물론 늦반딧불이 애벌레도 반짝반짝 빛을 낸다.

긴 여름이 가고 때맞지 않은 선선한 초가을 날씨가 이어졌다. 여름장마에 이은 가을장마 같은 많은 비가 십여 일 넘게 내리면서 연구소 곳곳에 큰 상처를 냈다. 논둑과 연꽃 제방이 터지더니 약해진 지반으로 길이 무너지고, 산 위 큰 소나무가 밤새 내리치는 번개에 두 동강 나 길을 막아 버렸다. 계곡 물이 불어 넘친 물이 연구소 마당까지 넘실거려 난리가 나는 줄 알고 큰 걱정을 했다. 한여름을 보내는 과정이 유독 녹록지 않다.

몇 년 혹은 몇 번의 철없는 현상을 두고 섣부르게 한반도 강수 패턴이나 기후가 아열대성으로 바뀌고 있다는 주장을 받아들일 수는 없지만, 까닭 없이 일어나는 일은 없다. 인간 중심의 개발 논리로 기후와 자연 생태가 급하게 바뀌고 있고 자연재해도 이에 대한 대가이다. 푹푹 찌는 한가위도, 2월 한겨울에 나비 나는 모습도 가능한 일이다. 본디 이 땅의 주인이면서 제자리에서 가만히 있는 듯한 생물들이, 잘났다고 떠들어대는 사람들이 찢어 놓은 생명의 그물 안에서 힘들게 살면서 인간에게 되돌려주는 예측할 수 없는 변화다.

철 따라 꽃은 피기 마련이지만 여름에서 가을로 넘어가는 시기에는 사

∧ 왼쪽 달팽이를 잡아먹고 있는 늦반딧불이 애벌레. 오른쪽 늦반딧불이의 짝짓기 모습
∨ 홀로세생태보존연구소 뒷산의 소나무가 벼락을 맞아 허리가 부러졌다.

실 꽃이 드물다. 게다가 요즘은 잦은 폭우로 식물의 고개가 꺾이고 숨이 죽어 꽃 보기가 더욱 힘들다. 그러나 노란 꽃 4인방이 있어 그나마 꽃을 즐긴다.

하늘에 닿으려는 듯 불쑥 올라와 주위를 압도하는 마타리는 단연 돋보이는 존재다. 꼭 외래어 같지만 순우리말로 '말의 다리'처럼 긴 줄기를 지칭한 단어로 제격이다. 약해 보이는 긴 줄기 때문에 쉽게 바람에 흔들리고, 흔들릴 때마다 황금 물결이 출렁인다. 무더기로 피어 우리 눈을 즐겁게 해주는 꽃이지만 특별히 향기가 없고 좁쌀 같은 작은 꽃이라 많은 곤충이 몰리지는 않는다. 흔들리는 황금물결에 몸을 맡기고 꿀벌과 등에가 열심히 꿀을 빤다.

마타리와 때맞추어 노란색으로 피는 금불초(金佛草)가 부처님의 환한 얼굴처럼 주변을 아름답게 장식한다. 꽃 속에 머리를 파묻고 담배나방의 애벌레가 정신없이 꽃을 파먹어도 무념무상으로 대한다. 꽃은 꽃대로 잎은 잎대로 다 내어주면서도 함박웃음을 잃지 않는 부처님의 넉넉한 마음이 이와 같을 것이다.

'얼마나 기다리다 꽃이 됐나, 달 밝은 밤이 오면 홀로 피어 쓸쓸히 쓸쓸히 시들어가는 그 이름 달맞이꽃'이란 노랫말의 주인공도 노란색이다. 해바라기가 해를 사랑하듯 달을 사랑한 달맞이꽃은 낮에는 노란색 물감의 촌스러운 색인데 밤에는 달빛을 받아 빛나는 형광색으로 바뀌어 빛을 모으는 능력이 뛰어난 야행성 곤충을 유혹한다. 무슨 일로 밤에 꽃을 피울까 생각해 봤는데, 나비목 곤충만 보더라도 야행성 나방이 20배 이

∧ 말의 다리처럼 길다는 뜻의 마타리
∨ 담배나방 애벌레가 금불초 꽃을 먹고 있다.

상이나 많으니 번식을 위해서는 당연히 밤이 유리했다. 노래 가사와는 달리 달 밝은 밤이 오더라도 달맞이꽃은 전혀 쓸쓸하지 않고 방문하는 벌레들로 굉장히 바쁘다.

달맞이꽃은 번식과 생존이 우수한 외래종으로 알려져 있으나 이미 자연 생태계 내에서 곤충의 눈에 비친 달맞이꽃은 외래종이 아닌 우호적인 이웃으로 인정된 것 같다. 노랑제비가지나방, 썩은밤나방, 줄박각시, 주홍박각시 등 많은 애벌레가 꼭 먹어야 할 양식이 되었고, 밤에 활동하는 수많은 야행성 곤충에게 큰 선물로 자리 잡았다.

꽃이 진짜 노란 멸종위기 야생생물 II급 진노랑상사화가 활짝 피었다.

∧ 외래종인 달맞이꽃

∧ 노랑제비가지나방 애벌레
∨ 썩은밤나방 애벌레

∧ 주홍박각시 애벌레
∨ 줄박각시 애벌레

이미 시든 잎마저 마르고 흔적도 없어 깜빡했는데 노란색 꽃대가 꿈결처럼 올라왔다. 무관심했던 나를 질책하지 않고 꽃을 피우니 고맙기도 하지만 마음도 주지 않았는데 꽃을 피우니 괜스레 미안하기도 하다.

세상을 아는 가장 안전한 방식은 독서지만 가장 위험한 방식은 현장으로 들어가는 일이라 했다. 현장을 고집하면서 정확한 과학적 사실에 근거해 곤충에, 환경에 대한 세상의 시각을 변화시키고자 하는 열망으로 강원도 산속에 들어와 곤충의 눈으로 세상을 바라본 지 23년. 다만 '바라본다는 것'에 대한 단순함에서 진일보하여 생명을 거두고 그들을 통해서 무언가를 이야기하고 싶었다.

∧ 진노랑상사화

그러던 중 2005년 환경부에서 서식지외보전기관으로 지정된 후 멸종위기 곤충 붉은점모시나비를 만난 일은 큰 행운이었다. 2011년 12월, 영하 26°C 혹한에 붉은점모시나비 애벌레가 어슬렁거리는 현장을 우연히 관찰했다. 과연 몸이 얼지 않고 계속 활동할 수 있는지, 어느 정도까지 버틸 수 있는지, 그리고 얼지 않는 가장 낮은 온도(supercooling point)를 알아보는 실험을 시작했다.

2016년 12월, 6년에 걸친 실험과 조사 결과를 국제학술지인 『아시아태평양 곤충학 저널(JAPE)』에 「붉은점모시나비의 글리세롤 조절을 통한 초냉각 능력」이라는 제목으로 논문을 투고하여 게재되었다*. 붉은점모시나비는 단순히 겨울을 나기 위해 생육이 정지된 휴면 형태의 '냉동 동물'이 아니라 겨울에 발육, 성장을 하는 생물이라는 사실을 밝히고 글리세롤을 비롯한 내동결 물질의 수용 능력에 관한 연구 결과였다. 내 연구의 주제를 발견하고 흥분과 좌절로 시작한 지 12년 만에 어려운 숙제를 해냈다.

극도의 추위와 더위를 반복적으로 견뎌내, 몇 억 년을 죽지 않고 살아서 나에게 큰 기쁨을 준 붉은점모시나비에게 경의를 표하며 공동 연구를 성공적으로 수행한 농림축산검역본부 박영진 박사와 안동대 김용균 교수께 깊은 동료애를 느낀다.

---

* Young jin Park, Y. G. Kim, & K. W. Lee. 2017. Supercooling capacity along with up-regulation of glycerol content in an overwintering butterfly, Parnassius bremeri. Journal of Asia-Pacific Entomology. 20: 949-954

이 논문으로 "멸종위기종이란 이름으로 굳이 나비 한 종을 보전할 필요가 있느냐?" 라는 질문에 명쾌하게 답할 수 있게 됐다. 잘 보전하면 영하 48°C에 견딜 수 있는 내동결 물질을 찾아 쓸 수가 있다고. 또한 무엇이 어디에 어떻게 있는지 모르기 때문에 모든 종을 잘 지켜야 한다고. 생물학적 이유뿐만 아니라 생물자원으로서 모든 인류에게 이득이 될 것을 입증하고 있다. 2019년 초부터는 생물정보분석 기법을 이용한 전장유전체 및 전사체 연구를 시작했다. 붉은점모시나비의 내동결 물질 대사 관련 유전자의 기능 정보, 주석 정보, 그리고 네트워크 정보를 이용하여 생체부동액과 관련된 바이오마커를 발굴하여 특허를 출원하고 내동결 물질 관련 기능성 바이오 소재를 개발하는 연구인데, 연구결과를 산업화하면 관련 산업이 커지고 인력 창출에도 기여할 것으로 기대하고 있다.

멸종위기종이나 생물다양성 보전에 대한 우리 사회의 시각이 예전보다 많이 나아졌다. 생태계 내에서의 역할과 어떻게 인간의 부와 행복에 기여하는지, 이런 부산물로 많은 신약과 산업의 출현을 이끌어 낼 가능성을 염두에 두면 당연한 일이기도 하다. 그런데 어찌 멸종위기종이나 생물다양성의 어머니인 국립공원에 대한 이해는 이리도 못하는지. 생태·환경의 핵심 축으로 야생 동식물의 마지막 피난처인 국립공원의 중요성을 어떻게 더 설명해야 하는지?

붉은점모시나비 1종을 보전하기 위해 서식지 전체를 관리해야 한다. 애벌레 먹이식물인 기린초를 굳이 울퉁불퉁한 돌 틈에 끼워 심고 어른벌레가 먹어야 할 엉겅퀴도 촘촘히 심어야 한다. 햇볕 잘 들어오며 바람 잘 통하고 천적을 막을 수 있도록 빽빽한 키 큰 나무를 지속해서 잘라 하늘을 열어주어야 한다. 아주 작은 곤충 붉은점모시나비 1종을 살리기 위한 생태계 범주는 먹이, 천적과 같은 생물적 요소와 바람, 햇볕, 온도와 습도 등 맞춰줘야 할 조건이 무한대다. 인위적으로 조성하기도 힘들지만 수리적으로 계산도 불가능하다.

우리나라 멸종위기종의 70%가 살며 수만 종의 생물이 공유하고 있는 국립공원. 그 속이 얼마나 복잡하고 치밀하게 짜여 있는지 가늠도 못 한다. 아슬아슬하게 목숨을 연명하는 멸종위기종은 벼랑에 섰고 그들은 국립공원에서 산다. 국립공원을 지키기 위해서 이 사회는 무엇이든 해야 한다.

여름잠 자고 깨어난 표범나비

활동 시기를 바꿔 먹이 경쟁과 천적을 피하다

'덥다, 덥다' 하던 숱한 여름날을 며칠째 내린 비가 밀어냈다. '이대로는 여름이 끝나지 않겠지' 라고 생각했는데 올가을은 의외로 순순히 오고 있다. 마지막 따가운 햇볕을 받아 벼가 익기 시작했고 들꽃에 눈을 마주치면 따뜻한 기운을 느낀다.

뚝 떨어진 밤 기온이 늦여름의 습기를 모아 이슬을 맺히게 하는 절기인 백로(白露). 수풀이 무성한 연구소에서 아침 산책을 하면 이슬 맺힌 풀잎에 바지가 척척하게 젖으며 가을을 느낀다. 서늘한 기운으로 착 가라앉아 무더위와 일에 지친 육신과 정신이 순해지고 차분해진다.

연잎 사이로 쏙 올라온 꽃대와 뒤늦게 핀 수천 송이의 연꽃으로 눈이 부시다. 벌써 한 달째 매일 피고 지기를 반복하며 끊임없이 꽃을 밀어 올린다. 꽃 보는 즐거움도 좋지만 벼 익는 소리가 정겨운 논도 보기 좋다. 올 초봄에 조성한 '수련원'과

∧ 수련원의 연꽃

'논'이 가뭄과 장마에 잘 견디고 꽃을 선사하고 열매를 맺고 있다.

낮이 짧아지면 제일 먼저 눈에 띄는 곤충은 주황색 바탕에 검은 무늬의 날개를 가지고 있어 표범 무늬와 똑 닮은 표범나비 종류다. 6월경에 어른벌레로 잠시 나왔다가 가장 뜨거운 7월 즈음부터 여름잠을 잔다. 한껏 달궈진 숲이 식는 9월쯤에는 서늘한 바람 따라 다시 움직이기 시작한다. 활동 시기를 살짝 바꿈으로써 먹이 경쟁과 천적을 피하는 현명한 행동으로 표범나비류는 마땅히 '가을 나비'로 불려도 좋다. 그중에서도 왕은점표범나비는 크기도 하고 날갯짓이 힘차 금방 눈에 띈다. 마음 놓고 살 만한 곳이 몇 안 되는 멸종위기 곤충으로 멸종위기 야생생물 Ⅱ급이다. 짝을 만나 알을 낳고 이 알이 부화해 애벌레로 겨울을 날 것이다.

바람과 햇빛이 만들어 낸 쪽빛과 연한 노란색이 묘하게 섞인 각시멧노랑나비가 벌개미취 꽃을 열심히 빨고 있다. 느릿느릿 나는 우아한 날갯짓과 오묘한 색 그리고 날개 끝 구부러진 예쁜 곡선은 누구라도 좋아할 수밖에 없다. 각시멧노랑나비를 보는 순간 그 아름다운 색상과 모습에 홀딱 반해 결국 나도 곤충에 딱 꽂힐 수 밖에 없었다. 붉은빛 노란색과 흰색, 검은색 비늘 가루로 치장한 아름답고 정교한 무늬의 작은멋쟁이나비와 화려하진 않지만 검은색 바탕에 밝고 시원한 느낌을 주는 푸른색 줄무늬가 선명한 청띠신선나비의 날갯짓이 힘차다. 지금까지 어디에 은둔하고 있었던 것일까? 나비로 엄동설한 겨울을 버티고 다음 해 봄에 짝짓기하고 번식을 할 것이다.

월동(越冬, hibernation)이나 하면(夏眠, aestivation)과 같은 휴면이나 계절에 따라 먹이사슬이 바뀌는 생물학적 변화를 통해 생물의 행동학적 특성을 이해하는 학문을 계절생물학(phenology)이라 한다. 즉, 낮의 길이나 기온, 더 크게는 기후 같은 계절적 요인을 생물의 생활사와 연계시키는 학문이다. 생물은 계절에 따라 활동을 중단하는 휴면과 자기에게 가장 유리한 시간을 골라 휴면을 마치고 짝짓기, 산란과 같은 번식 행동을 한다. 때에 맞춰 생활사가 이루어지는 곤충의 계절생물학은 절기만큼 정확해 계절적 패턴을 이해할 수 있다. 그래서 지금이 가을이다.

숲길을 지나다 보면 은은하고 향긋한 향기에 오감이 저절로 열려 잠시 발길을 멈춘다. 붉은빛이 도는 흰색 꽃이 은은하면서도 아름다운 누리

∧ 초원에 사는 멸종위기종인 왕은점표범나비가 꿀을 빨고 있다.
∨ 왼쪽 은줄표범나비. 오른쪽 번데기에서 막 나와 매달려있는 각시멧노랑나비

장나무가 주인공이다. 누리장나무의 잎이나 가지는 고약한 냄새가 나지만 꽃과 꽃향기는 은은하면서 고급스러워 반전의 매력을 보여준다. 부드러운 잎을 노리는 애벌레를 쫓기 위해 비릿한 누린내를 만들어 내지만 큰쥐박각시 애벌레는 오직 이 맛만 찾는다. 극히 제한된 애벌레만이 누리장나무 잎을 먹는 것을 보면 누린내는 애벌레 쫓기에 효과적이긴 한 것 같다. 푸른 남색이 빛나는 산제비나비가 누리장나무 꽃에 춤추듯 멈춰있는 멋진 모습에 심취하고, 꽃향기를 들이마시며 가을을 느낀다.

보랏빛이었다가 붉어진다. 아무도 눈길조차 주지 않고 오히려 모든 식물을 덮는 질기고 모진 생명력 때문에 사람들이 귀찮아하는 식물이지만 칡꽃의 진한 향기는 코를 뻥 뚫리게 한다. 향기도 좋거니와 맛도 일품이라 콩박각시, 갈고리재주나방, 구름무늬밤나방, 푸른집명나방 등 많은 애벌레가 즐겨 먹는다. 코프리스와 업쇠가 방목장 초지의 풀보다 더 좋아하는 최고의 간식이기도 하다. 한가로이 풀을 뜯던 소들도 멀리서 칡을 흔들어 보이면 쏜살같이 달려온다.

뭐니 뭐니 해도 가을의 전령사는 메뚜기 종류다. 풀빛과 닮은 연두색 몸통과 날개, 잘 뻗은 다리, 조심스럽게 움직이는 긴 더듬이까지 맵시 있는 벌레다. 산새의 지저귐만큼 높낮이 변화가 크진 않지만, 날개를 비벼 내는 듣기 좋은 선율은 가을을 낭만적으로 만든다. 메뚜기의 전성기인 가을, 연구소 주변에는 발 디디기가 무섭게 여기저기서 전자레인지 안에서 팝콘이 튀는 것처럼 수많은 메뚜기가 튀어 정신이 없을 정도다.

추억의 간식거리였던 벼메뚜기가 농작물의 '해충'으로 낙인찍혀 우리

∧ 왼쪽 누리장나무. 오른쪽 칡꽃
∨ 왼쪽 칡 잎을 먹는 콩박각시 애벌레. 오른쪽 칡 잎을 먹는 갈고리재주나방 애벌레

곁을 떠난 지 오래지만, 이제는 환경친화적인 농법을 대변해주는 대표 주자가 되었으니 격세지감이 있다. 누런 들판에 메뚜기 잡겠다고 이리저리 뛰어다니는 아이들, 보기 좋지 않은가!

2016년 8월 8일, '함평 자연 생태 공원 서식 곤충 모니터링 및 생태적 관리 방안 수립 연구' 수행 중 한 번도 보지 못했던 여치를 채집했다. 국내 기록이 없던 미기록종으로 보고서에는 일단 함평여치로 이름을 붙였다. 2017년 추가 조사로 최초 채집지인 함평의 지명을 넣어 함평매부리(*Palaeoagraecia lutea*)'로 명명하고 2019년 국립생물자원관 김태우 박사와 함께 동물분류학회지에 투고하여 게재되었다*.

관심 없는 사람들에겐 쓸데없는 하나의 벌레에 지나지 않지만 새로운 종을 발견하고 이들의 이름을 붙이는 곤충 분류학은 생물다양성을 밝혀내는 가장 흥미로운 과학 분야 가운데 하나다. 아직 존재조차 알지 못하는 자연 속 생명을 찾아내 우리 이웃으로 올려주고 생물자원을 보호할 기회를 만들었다는 자부심이 있다. 또한 국가적으로도 생물다양성을 활용한 경제적 가치를 한껏 올릴 수 있으므로 그 어떤 예술 작품보다도 아름답다고 할 수 있지 않을까.

연구소 본부 앞에 계곡 물을 끌어들여 조성한 그림 같은 연못 '워터 월드'가 있다. 수서 곤충부터 물고기까지 완벽한 생태계를 유지하던 워터 월드에 1999년 보일러실 기름통에서 기름이 유출되는 초대형 사건이 발

---

* Taewoo Kim and Kang-Woon Lee. 2019. A New Record of Palaeoagraecia lutea(Orthoptera: Tettigoniidae: Conocephalinae: Agraeciini) in Korea. Anim. Syst. Evol. Divers. Vol 35, No. 3: 143-150

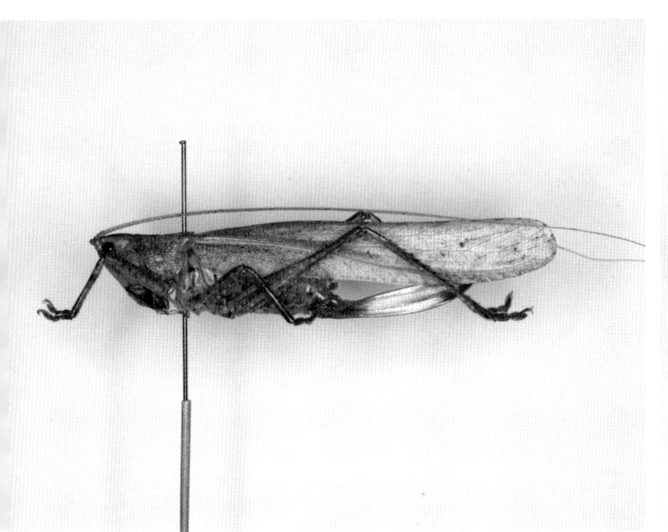

∧ 왼쪽 매부리, 오른쪽 긴꼬리
∨ 왼쪽 함평매부리 옆모습, 오른쪽 함평매부리 앞모습

생했다. 새어 나온 기름이 땅속으로 스며들어 결국에는 연못으로 유입되었다. 연못 기름을 없애기 위해 빨랫비누를 물에 띄워 기름을 빨아들이고 오일펜스로 기름띠 제거하고. 사력을 다했지만 허사였다. 결국 최후로 연못의 반을 메웠다. 면적을 줄이고 연못물을 완전히 빼고 1년 정도 지나자 기름이 조금씩 줄어들기 시작했으나 20년이 지난 최근에도 비가 많이 오는 장마철에는 스며있던 기름이 천천히 새어 나와 기름띠를 형성한다.

2017년 살충제 달걀 파동으로 온 나라가 들썩였다. 환경친화적인 축산을 하겠다고 과수원 부지에 놓아 키운 닭이 낳은 달걀에서 디디티(DDT) 성분이 검출된 생태적 재앙을 목격했다. 과수나무에 뿌렸던 디디티가 초지와 토양에 흡수되었고, 오염된 풀을 먹은 닭이 농축된 디디티를 다시 흡수하는 과정이 진행됐다. 먹이사슬을 타고 올라가 다시 달걀로 내려온 것이다. 1962년 레이철 카슨이 『침묵의 봄』에서 예견했던 불길한 경고가 고스란히 맞아 들어가고 있다. 20년이 지나도 땅에 스며있던 기름이 연못 생태계를 망치고 40년이 흘러도 디디티는 남았으니 어찌 지금을 함부로 할 수 있는가? 묻는다고, 눈에 보이지 않는다고 위험이 사라지는 것은 아니다.

생물학적으로 강력하고 유독한 화학물질의 잠재적 해악이나 황산화물, 질소산화물 등의 유해 성분이 대부분인 희뿌연 하늘의 미세먼지 통제는 국민 먹거리와 건강을 지키는 첫 순위의 국정 과제다. 단숨에 해결되어 하루아침에 뭐가 바뀌지는 않겠지만, 환경적으로 안전하고 경제적으로도 계산이 되는 현실적인 방법을 찾아야 한다. 생태계 스스로가 자정하도록 4대강을 원상 복구하고 화석 연료 사용을 줄여 미세먼지 없는 깨끗한 공기를 만들고, 원전 완전 폐쇄로 미래의 잠재적 대재앙을 막고 케이블카 원천 불허로 온전한 생태계를 최소한 유지하는 것. 턱없는 기대가 아니길 희망한다.

∧ 홀로세생태보존연구소 내 워터월드

네발나비 애벌레를 위한 환삼덩굴

잡초와 외래종이라는 존재를 생각하다

오늘은 낮밤의 길이가 같아진다는 추분(秋分). 아직 남은 여름의 뜨거움으로 벌레들은 못 다한 짝짓기도 하고 알도 낳고, 통통하게 살이 붙은 애벌레는 번데기를 만들거나 고치를 서둘러 튼다. 방울벌레와 귀뚜라미는 날개를 서로 부딪치며 청아한 노래로 가을을 재촉한다.

어른벌레나 알로 혹은 애벌레나 번데기처럼 노출되어 있는 상태로 겨울을 넘길 곤충은 세포가 얼지 않도록 몸속 수분을 빼고 얼지 않은 물질을 껍질에 코팅하여 자신의 몸을 보호한다. 아늑한 집으로 고치를 만드는 나방이나 땅속으로 들어가 월동하는 소똥구리나 딱정벌레 종류는 솜이불을 덮고 있거나 따뜻한 방에 기거하는 셈으로 안전하게 꿀잠을 자겠지.

깊은 산속 연구소의 첩첩한 산들이 고산준령은 아니건만 산을 굽이굽이 돌아들 적마다 계절이 다가온다. 낮이 짧게 느껴지면서 열기는 사라지고 조금씩 가을로 달려가고 있다.

해가 닿는 곳마다 꽃은 핀다. 솔방울 형태의 꽃에, 가운데는 가루를 곱게 치는 체 모양을 하고 있는 솔체꽃, 계단 오르듯 층층이 꽃을 피워 결국은 하늘로 날아갈 것 같은 층꽃나무, 빽빽이 뭉쳐서 꽃이 피는, 종명이 '화려함(splendens)'이어서 이미 이름으로 화려함을 뽐내는 꽃향유까지. 모두 세련된 보라색 꽃을 피우면서 이름도 예쁜 우리 꽃이다. 꽃이 뭉텅이로 피고 향기가 진해 특별히 곤충이 좋아하는 가을꽃이다.

우여곡절과 수난의 역사를 지닌 연한 보랏빛 단양쑥부쟁이도 연구소에 지천이다. 단양에서 처음 발견되어 이름을 얻었지만 1980년대 충주댐 건설로 자생지가 사라져 거의 멸종했었다. 2005년도에 여주 남한 강가에서 목숨줄을 이어갔지만, 다시 4대강 개발에 쫓겨 강제 이주를 당했다. 단양쑥부쟁이와 솔체꽃 위에 앉아 꿀을 빠는 네발나비의 모습이 잘 어울린다.

다리가 6개, 날개가 2쌍, 더듬이가 1쌍이며 머리, 가슴, 배의 3부분으로 몸이 나누어진 동물을 곤충이라 하는데 '네발나비'라니. 어떻게 4개의 발만 갖고 나비가 되고 곤충의 범주 속에 들어갈 수 있나. 필요 없다 생각해 없앤 2개의 앞발이 흔적만 남아있다. 사용하지 않을 뿐 실제 6개의 다리가 있는 셈이다. 나비 중 가장 많은 종류가 네발나비과에 속하므로 앞으로 많은 나비들이 '발'을 줄일 가능성이 크다. '진화'의 과정을 우리 눈으로 확인하기 어렵겠지만 적응하기 위해 아마도 1,000년 뒤 쯤에는 호랑나비과나 흰나비과 나비들이 쓸데없다 생각하는 2개의 발을 없

∧ 솔체꽃 위의 네발나비
∨ 단양쑥부쟁이

∧ 왼쪽 네발나비 애벌레, 오른쪽 네발나비의 흔적기관인 2개의 앞발

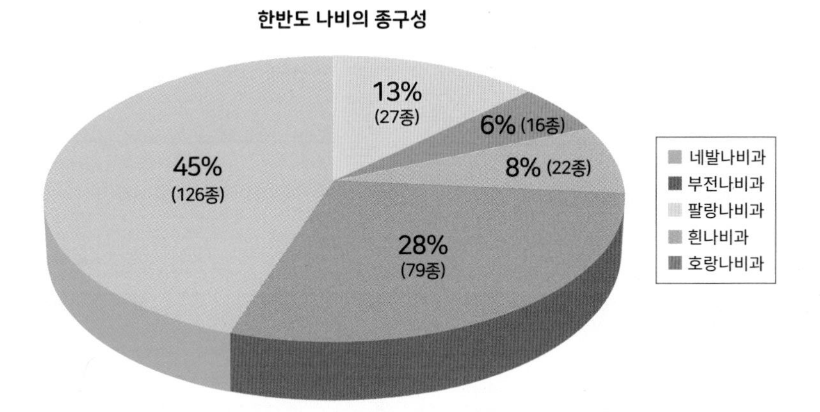

애버릴지도 모른다.

잡초, 사람이 심지 않으면 잡초라고 죽이려 한다. 외래종, 원래 살던 곳이 아니어서 서러운데 외래종이란 이름으로 따로 떼어 없애려하니 괴롭다. 잡초면서 게다가 외래종인 생물은 어떨까? 사나운 가시가 수없이 돋아나 줄기와 잎에 촘촘히 박혀있어 살짝만 닿아도 긁히기 십상이다. 살갗이 쓸리면 따갑고 쓰라린 정도가 넘어져 까진 것보다 훨씬 심하다. 생명력도 강해서 일단 자리를 잡으면 산이건 밭둑이건 길가건 가리지 않고 자라는 골칫덩어리라 오죽하면 마귀풀이라는 별명이 붙었을까.

하지만 네발나비 애벌레는 바로 이 마귀풀인 환삼덩굴만 먹고 산다. 아무도 가까이 하지 않는 그 잎을 이용해서 우산 모양의 아늑한 집을 만들고 안전한 집안에서 야금야금 잎을 파먹으며 자라는 애벌레. 잡초면서 외래종인 환삼덩굴을 모조리 없애는 순간 더는 네발나비도 살 수가 없다. 어떻게 잡초란 이름을, 외래종이란 존재를 잘 풀어갈 수 있을지?

닭이 울고 날이 새면 '코프리스'와 '업쇠'가 어슬렁어슬렁 축사를 나와 산으로 출근한다. 곤충 연구소에서 소를 키운다는 이야기를 들은 방문객들이 먹는 횡성 한우를 연상하고 소가 어디 있냐고 질문하면 나는 얼른 '코프리스'와 '업쇠'로 이름을 고쳐 부른다. 멸종위기종인 애기뿔소똥구리의 신선한 밥을 공급해야 하는 막중한 임무가 있는 내 가족이니까.

단 한 번도 풀밭을 밟아 보지 못한 채 몸만 겨우 세울 수 있는 비좁고 갑갑한 축사에 갇혀 도축될 때까지 사료를 먹으며 그들로서는 평생인 3여 년을 견뎌야 하는 일반 소를 생각하면, 그저 자유롭게 산책을 다니며

∧ 외래종으로 왕성하게 번성하는 환삼덩굴
∨ 홀로세생태보존연구소의 업쇠와 코프리스

신선하고 맛난 풀을 실컷 뜯어먹기만 하면 되는 '코프리스'와 '업쇠'는 행복한 편이다. 방목지를 휘저으며 신나게 먹고 애기뿔소똥구리 사육에 필요한 신선한 소똥만 싸 주면 되니까.

수컷 머리에 뿔이 달려 있는 멸종위기 야생생물 Ⅱ급인 애기뿔소똥구리는 몸길이 13~15mm로 5월부터 10월까지 활동하며 땅속 경단 안에서 어른이 될 때까지 어미가 보호하며 키우는 반사회성 곤충이다. 먹이인 똥은 여기저기 아무데나 흩어져 있고 빨리 말라붙기 때문에 빨리 먹고 번식해야 한다. 흔하지 않은 똥을 찾아내기 위한 정교한 감각기관이 있어야 하고 멀리 있는 똥으로 가기 위해 다른 곤충들 보다 훨씬 길고 튼튼한 날개가 있어야 한다. 애기뿔소똥구리는 똥의 위치를 알아낸 뒤에 똥 밑으로 굴을 파고 똥을 묻는다. 이렇게 하면 똥을 더 오랫동안 먹을 수 있고 환경 변화에 견디기 좋은 서식처를 얻을 수 있을 뿐만 아니라 기생이나 포식 같은 천적으로부터 새끼를 보호할 수 있는 큰 장점이 있다. 멋진 똥 처리 방법이다. 소똥구리가 먹어서 분해시킨 똥은 더는 환경을 오염시키는 골칫덩어리가 아니고 오히려 땅을 기름지게 하는 천연 거름으로 재활용된다. 게다가 애기뿔소똥구리 머리와 가슴 연결 부위에 붙어 같이 다니는 응애(편승응애)는 파리 애벌레인 구더기를 잡아먹어 주변을 청결하게 한다.

소똥구리가 주는 혜택이 이렇게 훌륭하고 다양한데 소똥구리 종류는 총체적으로 어려운 상황이다. 똥 덩어리를 동그란 볼처럼 빚어서 뒷발질로 멀리 굴려간 뒤에 땅에 묻는 행동학적 특성이 있는 왕소똥구리나

애기뿔소똥구리의 뒷날개 비율

		몸 길이 (cm)	뒷날개 길이(cm)	뒷날개 비율(%)
Coleoptera 딱정벌레목	*Allomyrina dichotoma* 장수풍뎅이	42.5	45.6	**1.1**
	Dicranocephalus adamsi 사슴풍뎅이	24.5	26.3	**1.1**
	Dorcus hopei 왕사슴벌	39.3	33.6	**0.9**
	Silpha perforata 넓적송장벌레	16.8	15.6	**0.9**
	Leptura arcuata 긴알락꽃하늘소	16.6	11.5	**0.7**
	Melolontha incana 왕풍뎅이	28.9	28.4	**1.0**
	Mimela holosericea 금줄풍뎅이	17.1	19.0	**1.1**
	Pectocera fortunei 왕빗살방아벌레	28.5	20.8	**0.7**
	Scintillatrix pretiosa 금테비단벌레	14.9	10.9	**0.7**
Scarabaeinae 소똥구리아과	*Copris tripartitus* 애기뿔소똥구리(♀)	16.6	21.9	1.3
	Copris tripartitus 애기뿔소똥구리(♂)	16.4	21.5	1.3
Hemiptera 노린재목	*Lethocerus deyrollei* 물장군	63.6	37.4	**0.6**
	Placosternum esakii 얼룩대장노린재	18.4	13.9	**0.8**

∧ 애기뿔소똥구리 수컷
∨ 몸 길이에 견줘 다른 곤충보다 뒷날개가 긴 애기뿔소똥구리

소똥구리는 오래 전에 자취를 감춘 절멸 단계고, 애기뿔소똥구리는 멸종위기종이니 막을 방도를 찾아야겠다. 얼마나 값진 재산을 인간의 욕심으로 버리고 방치해서 영원히 없애려 하는 것인지?

홀로세생태보존연구소에서 증식하고 있는 애기뿔소똥구리와 뿔소똥구리에서 4종의 국내 미기록 편승응애(*Copriphis hastatellus, Holostaspella scatophila, Macrocheles japonicus, Onchodellus siculus*)를 찾아내어 안동대학교 금은선 박사, 정철의 교수와 함께 2016년 과학저널『아시아 태평양 곤충학 저널(JAPE)』에 최초 보고하였다. 또한 112년 전인 1904년 북한에 서식하고 있는 것으로 기록만 있던 *Parasitus consaguineus*란 편승응애를 다시 기록하고 응애의 역할을 재확인하는 작업도 동시에 진행해 큰 성과를 거두었다*.

국립생물자원관의 멸종위기 곤충 애기뿔소똥구리 전국 개체군 조사차 지난 17일부터 19일까지 전라남도 영광군 안마도에 갔다. 21만여 평의 방목지를 샅샅이 살피고 돌아보느라 마음이 바빴다. 파란 하늘 올려다 볼 겨를 없이 조사하다가 목장 주인인 김영신 할아버지를 만났다. 단번에 쉽게 마음을 여시는데 소를 같이 키우는 동료 의식인가 보다.

석양 무렵 뜰에 앉아 묻기도 하고 답하기도 하면서 퍽이나 진지하면서도 즐거운 시간을 보냈다. "소가 똥을 싸면 소똥구리가 따라와 똥을 먹어

---

* E. S. Keum, Gen Takaku, K. W. Lee and C. E. Jung. 2016. New records of phoretic mites (Acari: Mesostigmata) associated with dung beetle (Coleoptera: Scarabaeidae) in Korea and their ecological implication. Journal of Asia-Pacific Entomology. 19: 353-357

치우니 파리도 많지 않았고 소똥구리가 지천이어서 가장 좋은 장난감이었는데, 방목을 하면서도 할 수 없이 살을 찌우기 위해 사료를 조금씩 먹였는데 사료 먹인 후부터 정말 귀신같이 없어졌어. 사료 먹인 똥은 많이 퍼져, 동글동글 모이지 않고. 소똥구리도 먹기 불편했을 거야."

똥에서 시작되는 멋진 순환의 고리를 보고, 힘이 되면 끊어진 인연을 다시 이어 보겠다고 말씀하시는 안마도의 김영신 할아버지 이야기에 "환경과 자연과 인간이 같이 사는 게 중요하다"라는 맞장구는 너무 허무하고 가벼웠다. 소를 키우며 자연의 이치를 보다 깊이 이해하고 자연 흐름의 결을 따라 살아야 한다는 강한 믿음이 내게 전해진다. 마음 속 깊이 울리는 할아버지의 진심을 읽는다.

"잘 하라고."

∧ 안마도 방목지 전경

바다와 사막을 건너는 유럽의 작은멋쟁이나비

장거리 이동으로 유전적 다양성을 유지하다

두 번 다시 겪지 않았으면 했던 무시무시한 여름이 갑자기 끝났다. 작열하는 햇볕이 사라지지 않고 이러다가 혹시 계절도 무시한 채 겨울까지 가지 않나 싶었는데 때가 되니 열기가 누그러졌다. 이틀에 걸쳐 내린 비로 오히려 쌀쌀해졌다. 낮과 밤의 길이가 같은 추분(秋分). 내일부터는 밤이 길어지므로 가을이라 해도 될 것이다.

불볕더위를 잘 버틴, 부추 냄새 알싸한 연분홍빛 두메부추 꽃이 한창이다. 알록달록 여러 색을 섞은 화려함도 없고, 별 모양, 하트 모양, 대롱 모양 같은 특별한 모습도 아닌 그저 수수한 분홍 단색의 동그란 공 형태의 꽃이어서 정말 두메산골에서나 필 것 같은 촌스러운 외양이지만 영양분은 최고. 늦여름부터 피기 시작해 가을로 접어들면서 절정인 두메부추는 파와 마늘이 속한 알리움(*Allium*)을 학명(속명)으로 사용하는

∧ 두메부추에서 꿀을 빨고 있는 산호랑나비

백합과 식물로 강하고 자극적인 냄새를 풍긴다.

신진대사를 돕고, 스태미나를 증강시켜 역동적 행동을 '부추기는' 부추는 영양과 맛이 뛰어나 어느 음식에나 들어가는 최고의 에너지원으로 알려져 있다. 여러 종류의 꽃이 즐비한데도 굳이 두메부추가 피어있는 작은 공간에 그렇게 많은 곤충들이 바글바글 떼 지어 몰려오는 걸 보면 사람뿐만 아니라 곤충들에게도 먹기 편하고 영양분 만점인 먹이로 이용되는 것 같다.

여름잠 실컷 자고 깨어난 은줄표범나비와 은점표범나비가 배가 고픈지 경계를 풀고 허겁지겁 두메부추 꿀을 빤다. 알이나 번데기가 아닌 어른벌레로 겨울을 나야 하는 큰멋쟁이나비, 작은멋쟁이나비와 각시멧노랑나비, 네발나비는 두메부추 꿀로 몸을 뜨겁게 달구며 월동 준비를 한다. 부지런히 날갯짓하는 나비와 맑고 깨끗한 햇빛이 내는 소리들로 부산하다.

세상을 인식하고 적응하는 방식이 제각각이라, 같은 종이라 해도 지역에 따라 생활사가 다를 수 있는데 작은멋쟁이나비가 그렇다. 불이 타오르는 듯 붉은빛 화려한 날개 무늬가 멋진 작은멋쟁이나비(*Cyntia cardui*)는 전 세계적으로 고르게 분포하는 나비다.

한반도에 서식하는 작은멋쟁이나비는 추위를 기꺼이 받아들여 겨울을 나는데 반해 유럽의 작은멋쟁이나비는 해마다 가을이면 큰 무리를 이뤄 유럽에서 지중해를 건너고 북아프리카와 사하라 사막을 거쳐 열대아프리카로 가는 장거리 이동을 한다. 아프리카에서 겨울을 난 뒤 이듬해 봄, 길을 되짚어 유럽에서 봄을 맞는 주기적 이동이 확인되었다. 이동 중 잠시 기착하는 곳에서 계속 번식을 하고 또 이동을 한다. 이렇게 한 차례 왕복하는 동안에 작은멋쟁이나비는 할머니에서 손녀까지 대를 이어 번식하는 셈이다.

아프리카에서 나비 애벌레가 먹었던 쑥의 성분이 유럽의 작은멋쟁이나비 날개에 남아있었고, 유럽에서 나비 애벌레가 먹었던 쑥의 성분이 아프리카의 작은멋쟁이나비 날개에 남아있어 이동 경로를 확인한 것이다. 아마 큰멋쟁이나비도 비슷한 생활사를 갖고 있기 때문에 이동 가능성을 점칠 수 있다.

∧ 왼쪽 은줄표범나비. 오른쪽 은점표범나비
∨ 왼쪽 작은멋쟁이나비 애벌레. 오른쪽 작은멋쟁이나비

일정한 체온을 유지해야 하는 철새들은 더워서, 추워서 철따라 대양을 건너고 대륙을 넘나들지만, 체온 조절이 가능한 변온동물인 곤충은 단순히 추위를 피하기 위하여 이동하는 것만은 아니다. 정든 곳을 떠나 다른 곳으로 이동하는 것은 생명을 건 숙명이기 때문에 해마다 이런 힘든 과정을 거치는 이유는 절대적이어야 한다. 신비로운 여정인 이동이야말로 지역을 달리하여 유전적 다양성을 유지하고, 토착하고 있는 질병을 피하기 위한 최고의 생존 전략이 아닌가 싶다.

곤충의 대이동은 사실 그림동화 『배고픈 애벌레(The very hungry caterpillar)』의 주인공인 모나크나비(Monarch butterfly, 제왕나비)가 대표적이다. 캐나다와 미국 동부에 살던 모나크나비가 큰 무리를 지어 멕시코까지 장장 8,000km에 이르는 먼 길을 4세대를 거치면서 이동하는 것은 가장 신비한 자연 현상 중 하나이다. 2011년 멕시코 엘 로사리오에서 만난 수천만 마리의 나비 비행은 결코 잊을 수 없는 감동이었다.

하얀 솜털 구름 사이로 선선한 가을바람 불어오자 나무를 흔들던 매미 소리 대신 귀뚜라미 노랫소리가 정겹고 다 들어간 줄 알았던 반딧불이가 반갑게 날고 있다. 청량한 밤하늘에 늦반딧불이가 아직 반짝거리며 날고 옥구슬 굴러가는 방울벌레 소리 가득하니 가을에 감사한다.

이 땅에 사는 사람들의 전통적인 삶과 역사를 깊이 알고 싶어서 소리를 찾아다니는 프로그램을 즐겨 보았는데, 올 초부터 연구소에서 곤충의 소리를 본격적으로 녹음하고 있다. 귀를 쫑긋 세우니 새소리, 개구리 소리뿐만 아니라 애벌레 소리, 바람이 지나가는 소리, 나무가 숨 쉬는 소

∧ 멕시코 엘 로사리오에서 월동 중에 물을 먹고 있는 모나크나비 무리

리도 들린다. 늘 충만한 생명이 있었는데 숨겨져 있던 그들의 소리를 비로소 들을 수 있으면서 멜로디가 귀에 익기 시작했다.

소리 녹음을 하면서 세월의 흐름도 듣게 되었다. 왕귀뚜라미, 방울벌레나 긴꼬리의 자연스러운 음악 소리를 즐기는데, 매부리 소리는 들리지 않았다. 눈치를 보니 주변 연구원들은 모두 듣고 있는데 나만 반응을 못 하고 있다. 나이가 들면서 가청권이 점점 좁아진다더니, 6,000Hz(헤르츠) 이상의 높은 주파수는 듣기 어려워졌다. 텔레비전도 크게 틀고 옆 사람과 이야기할 때도 목소리가 커지니 그 이유를 알겠다.

나이 들어서 소리를 듣지 못하는 것은 그럴 만한데 최근에는 몹시 나

∧ 늦반딧불이 군무
∨ 왼쪽 알락방울벌레. 오른쪽 왕귀뚜라미

쁜 소리도 경험했다. 누군들 그렇게 살지 않았을까 생각해 보지만, 산속 생활이고 처음 하는 일이라 더욱 숨 가쁘고 치열하게 살아왔던 것 같다. 20여 년을 산속에서 지내면서 육신을 아끼지 않고 일을 하다 보니 한 달 전 허리 디스크가 파열돼 걷지 못하는 신세까지 왔다. 부랴부랴 병원을 가니 MRI 촬영을 하라는데, 갑갑한 통 속에서 계속 울려 나오는 윙윙 소리에 숨 막히고 가슴이 터질 것 같아 검사 도중 뛰쳐나왔다. 폐쇄된 공간에서 울리는 공포의 소음이었다.

앞으로 점점 귀도 잘 들리지 않고 아이들이 뛰어갈 때, 걸어가고 서 있을 때 휘청거리겠지. 나무들이 자라 숲이 되는 모습을 좋아했고 그 숲에 기대어 사는 생명을 사랑했지만, 힘없이 병실에 누워 있으며 깊은 시름에 빠졌다. 어쩌면 가족들조차 다 헤아릴 수 없을 만큼, 인고의 세월을 보내면서 휴식도 음악도 너무 멀리했던 것 같다.

천지에 가을이 익어가고 있다. 식상한 덕담 같지만 명심해야 할 일. 모든 분 건강을 지키는 한가위 명절이 되었으면 한다.

제4부

내년 봄을 기약하는 월동 준비

알 낳은 산제비나비와 꽃을 피운 개나리

기후변화로 인해 때맞지 않는 일이 일어나다

어설피 내린 가을비 한 번에 기온이 뚝뚝 떨어지고 바람 한 번 휙 불면 나뭇잎이 우수수 떨어진다. 가을바람 소리 스산하고 공기가 차다. 한 뼘 한 뼘 하늘이 높아져 하늘 끝까지 간 것 같고, 이슬이 찬 공기를 만나서 가을 첫서리가 살짝 내린다는 오늘은 한로(寒露). 그러나 아직 한낮 햇빛은 쨍쨍하고 온도도 높아 벼가 잘 익었다. 2017년 초봄에 조성한 '논'에서 가뭄과 장마를 잘 버틴 황금빛 벼를 수확했다.

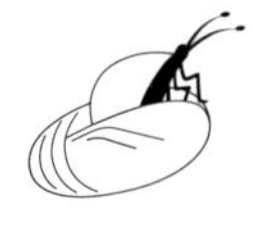

꽃만큼 아름다운 노랗고 빨간 단풍이 짙어지기 시작하고 마른 낙엽이 숲 바닥을 뒹굴며 서걱거릴 때쯤 양지바른 곳에 샛노란 꽃망울을 터뜨린 산국과 산비탈의 희고 연한 보랏빛의 구절초, 길가에 보라색 꽃이 무리 지어 흔들리는 쑥부쟁이에서 가장 깊은 가을 정취를 느낀다. 계절이 바뀌고 있다.

한가위로 연구원이 뭉텅 빠져나가 연구소가 텅 비었다. 어

∧ 홀로세생태보존연구소의 작은 논에서 황금빛 벼를 수확했다.
∨ 산국 꽃에 앉은 호리꽃등에

릴 적 살던 집 앞마당과 장독대 근처 돌 화단에 피어있던 꽃과 아버지! 명절이 되면 이상하게 나 살던 데, 고향으로 가고 싶고 돌아가신 아버지가 보고 싶은데…. 뵙지도 못하고 가보지도 못한 채 긴 추석 연휴가 지나간다.

가을이 깊어질수록 모든 생물이 움츠러들지만 이제 막 번데기에서 우화한 큰멋쟁이나비, 작은멋쟁이나비의 날갯짓은 사그라지는 계절과는 반대로 오히려 힘차다. 얼마나 힘이 넘치는지 손으로 잡고 있어도 날개를 격하게 퍼덕여 혼자 힘으로 빠져나갈 수 있을 만큼 강하고 가만히 가슴을 만져보면 힘찬 심장 소리가 전해오는 듯 진동을 느낄 수 있다. 이 정도의 힘이 있어야 겨울을 날 수 있겠지.

이처럼 어른벌레로 겨울을 나는 큰멋쟁이나비, 작은멋쟁이나비는 가을에 날개를 달고 나와 그 상태로 겨울을 보내고 이듬해 봄까지 버티다 알을 낳고 죽으니 어른벌레 수명이 여섯 달은 되는 셈이다.

이제 가을이 보름 정도밖에 남지 않았으므로 대부분 곤충도 서둘러 겨울 날 준비를 한다. 몸을 홀가분하게 털어버리고 단단한 고치를 만드는 노랑쐐기나방도 있고, 애벌레 몸 색깔을 바꿔 팽나무 줄기에 스며들 준비를 하는 왕오색나비와 수노랑나비도 있고 산호랑나비 애벌레들은 이미 마지막 껍질을 벗고 튼튼한 실로 몸을 묶고 번데기를 만들어 겨울 날 준비를 마쳤다. 곤충의 월동은 알, 애벌레, 번데기, 어른벌레처럼 형태적 차이도 있고 낙엽 밑, 돌 아래, 땅속, 나무껍질 속 혹은 자기 스스로 안식처로 만든 고치까지 장소도 다양하다.

∧ 왼쪽부터 어른벌레로 월동하는 큰멋쟁이나비, 번데기로 월동하는 산호랑나비와 호랑나비
∨ 왼쪽 애벌레로 월동하는 왕오색나비, 오른쪽 애벌레로 월동하는 수노랑나비

마지막 번데기를 만들어야 하는 때인 지금, 발육할 시간도 없는데 산제비나비가 알을 낳고 있다. 개나리도 꽃을 피우고. 어떻게 이런 희한한 일들이 벌어지는 거지? 이런 나비도 있고 저런 나무도 있어, 살아가고 세상을 인식하는 방식이 제각각이지만 그래도 때는 맞춰야 하는데 철모르는 놈들이 있다. 기후변화에 대한 끊임없는 걱정과 이때까지의 절기와 맞지 않는 돌발적 변수로 지구가 점점 뜨거워지고 있다는 것을 실감하고 있다. 따뜻한 겨울 그리고 어정쩡한 봄과 가을. 세상이 아프고 힘들다.

톱니바퀴가 맞물리듯 생태계가 작동하고 있으므로 자연의 시간보다 빨리 혹은 늦게 가는 현상이 우리 삶과 어떤 관계가 있는지, 얼마나 세상이 바뀔지 곤충을 재료로 실험하였다. 그 땅에 사는 식물, 곤충, 인간은 모두 땅을 닮게 되어 있으므로 기후변화에 따라 변화할 나비 이야기가 사실은 우리 이야기다.

변온동물인 곤충은 기후변화, 특히 온도에 민감하며 그에 따른 생태계의 구조 변화의 영향을 이해할 수 있는 좋은 분류군이다. 특히 번데기로 월동하는 호랑나비과 곤충은 크기도 크고 움직임을 정확하게 관찰할 수 있어 분석과 예측이 가능한 가장 좋은 재료다.

2008년부터 호랑나비과의 산호랑나비, 호랑나비, 꼬리명주나비 월동형 번데기를 대상으로, 인큐베이터를 이용한 실내 온도 발육 실험과 야외에서 실제 일어나는 현상을 관찰 비교하는 기후변화 연구를 수행했다. 온도 발육 실험을 근거로 우화 실험을 시작한 이래 12년 차. 산호랑나비, 호랑나비, 꼬리명주나비 3종 모두 처음으로 실험을 시작한 2008년 이래 무려 평균 20일이나 빨리 날개를 달고 나오고 있다. 따뜻해지면서 봄이 조금씩 빨라지고 점점 더 우화 시기를 앞당기고 있다. 아마 이런 식이면 3종 나비들은 일 년에 한 번씩 더 발생할(이런 현상을 화성(voltinism)이라고 한다.) 가능성이 점점 커지고 있다.

연구 결과를 연차별로 원주지방환경청, 국립생물자원관과 함께 3권의 보고서를 냈고, 실험 시작 8년 만인 2014년에 1차 결과를 『아시아 태평양 곤충학 저널(JAPE)』에 논문으로 게재했다*. 벌써 12년에 걸친 자료가 누적되고 있으므로 계속 좋은 논문으로 쓰일 것이라는 자부심을 가져본다.

이러한 환경적 변화를 나비에 국한하지 않고 곤충의 범위를 확대하면 심각한 사태를 가늠할 수 있다. 사람에게 말라리아, 지카 바이러스, 뎅기열 등 다양한 병원체를 옮길 수 있는 해충인 모기가 더 빨리 번식을 시작하고 겨울 초까지 더 오랫동안 많이 번식하면 우리의 삶과 건강에 심각한 영향을 미칠 수 있다는 이야기다. 과수를 포함한 농작물의 병해충도 직접적이고 파괴적으로 연관돼 이들을 없애기 위한 살충제를 과다하게 사용할 것이고 살충제 잔류 농산물은 또 얼마나 늘어날 것인지?

2017년 추석 연휴에 국무조정실장 주재 긴급 관계부처 차관회의를

---

* Kang-Woon Lee et al. 2014. Temperature-dependent development of *overwintering Sericinus montela Gray* (*Lepidoptera*: *Papilionidae*) pupae and its validation, Journal of Asia-Pacific Entomology 17, 445-449

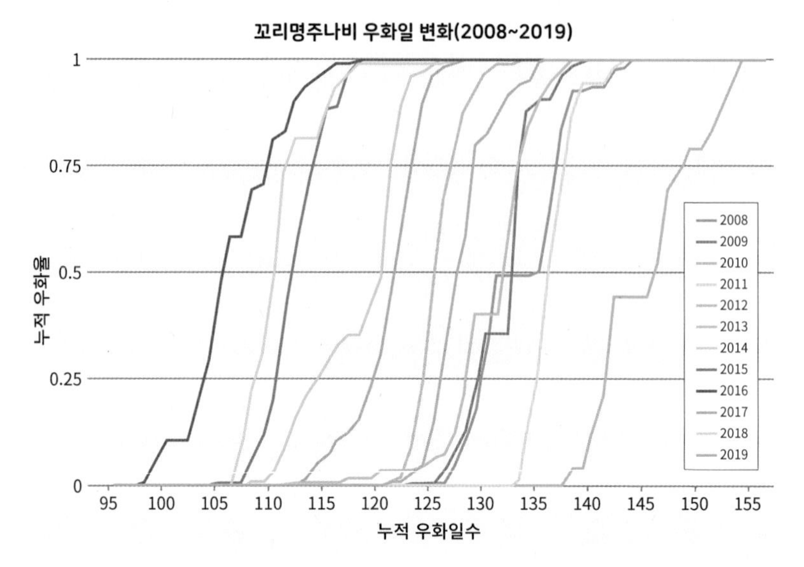

∧ 꼬리명주나비 우화 그래프

하면서 온 나라를 들썩이게 한 주인공은 침입 외래종 붉은불개미(Red imported fire ant, *Solenopsis invicta*)였다. 경계색인 붉은색과 시뻘건 불을 합쳐 만든 붉은불개미니 얼마나 두려운 존재인가? 정확한 생활사를 통한 피해 규모를 예측하지 않고 너무 부풀린 상황이지만 이름만으로도 외래종이 이미 우리의 삶과 건강에 심각한 영향을 미치고 있다.

세계 전역에서 생산된 꿀의 4분의 3이상에 살충제 및 잔류농약이 검출돼 안전하지 않다는 충격적인 연구 결과가 발표되었다. 살충제 달걀에 이어 꿀까지… 더는 해결을 위해 손을 써볼 틈도 없이 심각하게 진행되고 있는데도 식상한 경제논리만 주장하고 있다. 이미 생태나 환경이 가장 큰 경제인데.

지금 있는 모든 것을 다 써도 부족해 늘 경제 살리기를 외치는 사람들이 대부분이다. 고단한 삶을 사는 다른 생명을 고려하여 "조금 단순하고 소박하게 살자" 라고 이야기하면 한가로이 생태 환경 운운하느냐고 비아냥대거나 혀를 차는 사람이 있을지도 모르겠다. '벌'을 통해서, '개미'에 빗대어 같이 살자고 지구가 끊임없이 인간에게 말하는데 듣지 않고 있다.

하늘을 이기는 식물도, 곤충도, 사람도 없다.

다양한 모습으로 월동 준비를 하는 곤충들

서로 다른 생활사로 경쟁을 피하다

푸르른 가을 하늘과 단풍의 대명사 단풍나무, 신나무의 울긋불긋한 색채가 가을 정취를 물씬 풍긴다. 서릿발을 제대로 받으면 더욱 붉어질 것이다. 더할 수 없이 맑고 깨끗한 날이 절정에 이른다. 오늘은 서리가 내리기 시작한다는 상강(霜降). 서늘한 공기와 공간. 쌀쌀하다.

연구소 숲길은 갈 때마다 다른 모습이지만 요즘처럼 철이 바뀌는 계절엔 각양각색 생물들의 치열한 생존 모습을 볼 수 있다. 아직 생활사를 끝내지 못한 많은 생물은 마음이 바쁘다. 미뤄둔 일은 많은데 남은 시간은 점점 줄어들고, 그렇다고 세월을 따라잡을 수 있는 힘은 부족하다. 바로 지금 해야 하는 일에 집중한다.

어른나비인 나비로 겨울을 나야 하는 큰멋쟁이나비는 빨리 마지막 단계인 번데기에서 나와 날개를 달고 저온에 대한

∧ 홀로세생태보존연구소 가을 전경

적응을 해야 한다. 번데기 속에서 이미 눈, 더듬이, 입은 만들었고 마지막으로 아름다운 날개 무늬도 완성되었다. 아직까지 날개를 달지 못하고 대롱대롱 매달려 있던 번데기가 마지막 힘을 쏟으며 막 껍질을 벗고 있다.

번데기로 월동해야 할 대만흰나비 애벌레가 아직 싱싱한 개갓냉이 잎 위에 엎드려 있다. 사흘 정도의 따뜻한 햇볕이 필요하다. 이슬로 푹 젖은 북쪽비단노린재 애벌레도 꼼짝 못하고 있지만 햇살 퍼지는 한낮이면 다시 몸을 키울 것이다. 하루살이와 매미충, 썩덩나무노린재도 서리가 될 것 같은 차가운 이슬에 온몸이 젖어 숨을 죽이고 있다.

∧ 큰멋쟁이나비 번데기
∨ 대만흰나비 애벌레

∧ 썩덩나무노린재

고즈넉한 가을벌레 소리에 딱 어울리는 큰실베짱이가 가늘고 긴 다리를 꽃 위에 걸치고 앉아 있다. 인기척을 느끼면 풀 뒤로 돌아 숨는 놈들이지만 밤새 꼼짝 않고 잔뜩 이슬을 맞아 몸이 무겁다. 여름 끝자락에 알을 낳고 대를 이어야 할 사마귀는 곰팡이에게 먹히고 비극적 삶을 마감했다. 곤충의 몸에 기생해 영양을 얻는 곰팡이(균류 또는 버섯)의 자실체인 동충하초(冬蟲夏草)가 되었다.

유리산누에나방은 서리가 내리는 요즘에도 펄펄 기운이 난다. 한창 짝짓기를 하고 가장 늦게 알을 낳는다. 봄에 새롭게 태어날 때까지 두터운 방한 껍질로 감싼 알들은 추운 겨울을 두려워하지 않는다. 밤나무산누에나방의 알은 이미 한 달 전부터 월동 중이다. 알, 애벌레, 번데기, 어른벌레로 각각 적응을 해가며 봄, 여름, 가을, 겨울을 가려 사는 곤충 생활사는 서로간의 쓸모없는 경쟁을 피하려는 진화된 생존 전략이다. 시간과 계절을 내다보며 선택과 집중을 하는 곤충이 과연 하등한 생물일까?

2017년부터 몇 차례에 걸쳐 텔레비전, 라디오 인터뷰를 통해 붉은불개미에 대한 오해를 풀기 위해 무진 애를 썼지만 늘 편집을 당하는 바람에 중요한 사실은 빠진 채 방송이 되는 일이 이어졌다. 며칠 전 떠들썩한 붉은불개미에 대한 오해를 풀기 위해 칼럼을 썼다. 다행히 많은 분들의 걱정은 줄어들었지만 아직 안심할 수 없다는 부정적인 질문도 많았다.

한번 언론에 퍼지면 순식간에 기정사실로 받아들여지고 그 이후에는 사실적 근거에 따른 정설을 이야기한다 해도 기존의 생각을 번복하는 일이 상당히 어려울 뿐만 아니라 거의 불가능하다. 이 때문에 살인 개미로 지목된 붉은불개미는 많은 국민에게 공포심을 불러일으켰고 붉은불개미 때문에 외출을 자제해야겠다는 기사를 접할 때는 얼마나 사태가 심각한지를 실감한다. 국민의 건강과 생태계에 막대한 영향을 끼칠 기사가 지라시처럼 '맞아도 그만, 틀려도 그만'이라는 정보여서는 안 된다. 자극적인 표현으로 대중의 호기심을 불러일으켰지만 과장된 정보가 SNS를 통해 일파만파, 전국적으로 확산 증폭되어 국민들을 불안하게 하고 있다. 여러 전문가의 의견을 수렴한 정확한 사실을 환경부나 농림축산검역본부검역소의 공식 성명으로 국민들에게 꼭 알려주어야 한다.

도시인에겐 외계인처럼 보이는 붉은불개미는 벌이나 다른 개미처럼

∧ 왼쪽 큰실베짱이. 오른쪽 사마귀 동충하초
∨ 왼쪽 유리산누에나방. 오른쪽 밤나무산누에나방과 알

투명한 날개를 가진 곤충들의 그룹인 '벌목(Hymenoptera)'에 속하는 곤충이다. 벌목은 가장 크고 복잡한 사회를 이루는 최고의 '사회성 곤충'으로 조직 생활을 한다. 떼로 다니는 데다가 공격적 성향 때문에 공포의 대상이 되었지만 인간 생활과는 거리가 있다. 붉은불개미를 포함한 대부분의 개미는 특정한 장소인 지하에서 살기 때문에 인간과 충돌할 일이 거의 없다. 추석에 성묘를 위해 벌초할 때 말벌에 쏘이는 경우도 사람을 목표로 공격한 것이 아니고 그들의 생존을 위협한다고 느낀 말벌의 방어 전략이다. 즉, 숲이나 산으로 가서 그들의 집을 헤집기 전에는 만날 가능성이 거의 없다.

곤충의 독성은 천적으로부터 자기를 지키기 위한 최소한의 자기 방어 물질이라 할 수 있다. 쐐기나방 애벌레와 독나방 애벌레에 쏘이면 욱신거리고 먼지벌레를 건드리면 흉측한 냄새가 난다. '가뢰'라는 곤충은 '칸타리딘'이라는 독성 물질을 분비해 살에 닿으면 물집도 생긴다. 붉은불개미의 독성은 오히려 이러한 종류의 곤충보다 훨씬 약하며, 정작 살인적 독성이나 양봉 농가의 피해를 생각하면 봄부터 가을까지 거의 일 년 내내 위협적인 외래종 등검은말벌이 훨씬 위험하며, 과수 농가나 전국적으로 수목에게 심각한 피해를 발생시키는 꽃매미를 제때 제거해 주는 일이 오히려 더 시급한 문제였다. 붉은불개미를 만날 일도 거의 없지만 무서워할 필요도 없다.

달빛 환한 연못에서 쌀쌀한 물을 가르며 수달 한 마리가 놀고 있다. 한참 눈을 마주치며 설레는 자연과의 교감을 느낀다. 작년까지만 하더라

∧ 왼쪽 뒷검은푸른쐐기나방 애벌레. 오른쪽 지옥독나방 애벌레
∨ 왼쪽 남가뢰. 오른쪽 등검은말벌

도 새벽이면 연구소 본부 앞 연못을 첨벙거리며 물고기를 잡아먹던 수달을 보면서 물속 곤충과 물고기 안위를 걱정했다. 그런데 올해는 여태까지 나타나지 않아서 내심 불안했다. 다양한 수생식물과 잠자리와 물고기, 개구리들이 잘 어우러진 연구소 내 12개의 크고 작은 연못과 섬강의 발원지인 계곡이 어울려 수달이 살기 적당한 곳이어서 불안해하면서도 다시 볼 수 있을지 걱정했는데 큰 시름을 덜었다.

더욱이 올해는 수변 사업이라는 이름으로 연구소를 가로지르는 계곡에 석축을 쌓아 정리했기 때문에 자연 서식지를 망가뜨리지 않았나 하는 걱정이 든 참이었다. 4~5년 전부터 산속으로 여러 가구가 이사 오면서 수질도 나빠지고 계곡도 형태를 바꾸면서 2차례 범람했고, 최근의 게릴라성 집중 호우로 계곡이 넘칠까봐 정리할 수밖에 없었다. 하지만 아무리 환경친화적으로 공사를 했다곤 하지만 두고두고 마음에 걸렸었다. 그런데 보고 싶었던 수달과 눈을 마주치고 인사하는 순간 모든 근심이 사라졌다.

연구소 길 옆으로 지나가는 수달을 보며 가장 아름답고 온전한 생명의 숲으로 이어질 수 있어 다행이라고 생각했다. 야생동물 흔적과 희귀식물을 만날 수 있고 멸종위기종을 키워낼 수 있는 숲이어서 더욱 좋다.

∧ 연구소 연못을 찾은 수달(↓)
∨ 왼쪽 공사 후 연구소 계곡 모습. 오른쪽 공사 후 연못의 모습

집 안으로 들어와 추위를 피하는 곤충들

겨울나기를 위해 마지막 준비를 하다

아침, 저녁으로 기온은 뚝 떨어지고 며칠 전 제법 내린 비가 땅에 스미어 얼음이 됐다. 마지막 가을이 사라진다. 마르고 찬 바람 불어 스산하지만, 대낮처럼 훤히 비추는 달빛 아래 바스락거리는 낙엽 소리를 들으며 코끝을 스치는 새벽 공기를 마시는 연구소의 산책은 상큼하다. 나이가 들면서 유난히 추위를 타는 겨울은 아주 고통스러운 계절이 되었다. 23년, 우리나라에서 가장 추운 철원, 봉화와 같은 수준인 횡성 깊은 산속 생활은 이제 익숙해져 잘 견딜 만할 때가 됐는데, 시간이 갈수록 내복을 입는 시기가 일러진다. 춥고 고통스러운 겨울을 무서워하면서도 펑펑 눈 내리는 겨울을 기다리는 걸 보면 아직도 필자는 낭만을 그리워하는 철모르는 아이다.

너무 늦지 않았나 싶지만 벼 거둔 논에 겨울 농사로 보리 씨를 뿌렸다. 앙상한 겨울에 파릇파릇, 꿋꿋하게 자란 보리가 을

∧ 보리를 심는 모습

씨년스러운 주변을 파랗게 물들여 줄 멋진 광경을 기대해 보면서.

오늘은 입동(立冬). 물이 얼고 땅이 얼어붙어 오늘부터는 본격적인 겨울이라 하지만 아직 가을색과 겨울빛이 뒤섞여 있다. 잎 다 떨어뜨리고 앙상한 가지만 남은 팽나무, 곱던 붉은 잎을 내리고 검붉은색으로 바뀌고 있는 단풍나무와 아직도 불타고 있는 붉나무 단풍이 막바지 가을을 수놓는다.

꼬르륵꼬르륵~. 온몸의 살과 근육이 떨어져 홀쭉해진 한국산개구리는 여럿이 모여 연못 한가운데서 땅을 파고 낮은 숨을 쉬며 겨울 날 준비를 한다. 암고운부전나비는 오톨도톨 엠보싱으로 무장한 도톰한 알을 9

개나 이미 복숭아나무에 낳았고, 마지막 산란을 마친 꽃매미가 알 덩어리를 감싸 긴 겨우살이에 들어갔다.

강인한 담배나방 애벌레는 아직도 한낮에 왕성하게 먹이를 먹으며 성장하고 있다. 때 놓치고 뒤늦게 꽃을 피워 가을을 감당하는 엉겅퀴에 온몸에 꽃가루를 뒤범벅한 꽃벌이 짧은 햇살을 고맙게 여기며 열심히 꿀을 빨고 있다. 서리가 내리고 추위가 오면 스러지는 것들, 견뎌내는 것들, 그리고 새롭게 시작하는 것들…. 종마다 다른 삶이다.

산속 연구소에서 겨울이 다가오고 있다는 신호는 몸으로 느끼는 추위뿐만 아니라 집 안에 들어온 곤충으로도 알 수 있다. 노린재며 무당벌레, 집게벌레, 꼽등이 등 온갖 곤충이 집 안으로 들어오면 초겨울이다. 나무판자로 겹겹이 겹쳐 마감한 연구소 외벽 틈새는 추운 겨울을 따뜻하고 무사히 보낼 최고의 안식처라 고약한 냄새를 풍겨대는 스코트노린재 군단, 남생이무당벌레 군단과 고마로브집게벌레 등 많은 곤충으로 붐빈다.

외벽 틈새에 자리 잡지 못한 놈들은 집 안으로 들어온다. 창틀마다 남생이무당벌레가 가득하고 잠결에 얼굴을 간질이는 무언가에 눈을 뜨면 스코트노린재가 볼 위를 유유히 걸어가고 있다. 외벽서부터 집 안의 잘 개켜 놓은 옷가지 사이에도, 깔아 놓은 이불 밑에서도, 가끔은 신발 안에서도 등장하는 곤충으로 깜짝 놀라곤 한다.

겨울이면 야외보다는 실내 생활을 하고 두툼한 옷으로 몸을 감싸는 사람이나, 따뜻한 어딘가에 들어가려 하는 곤충 생활사는 같은 맥락의 겨

∧ **왼쪽** 암고운부전나비 알. **오른쪽** 꽃매미 알집
∨ **왼쪽** 겨울잠에 들어갈 채비를 하는 한국산개구리. **오른쪽** 엉겅퀴에서 열심히 꿀을 빠는 꽃벌. 올해 마지막 만찬이다.

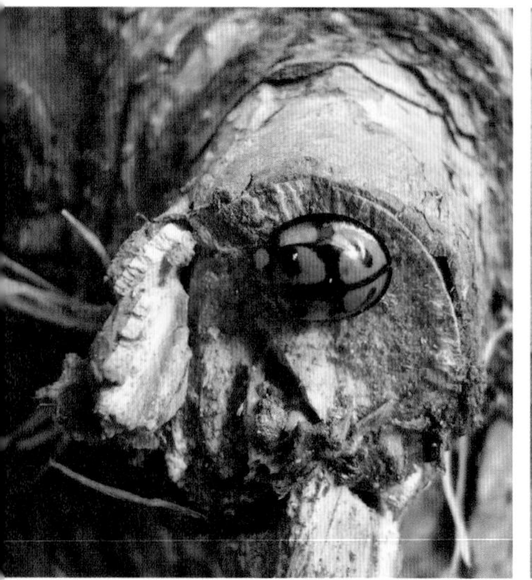

왼쪽 월동을 위해 큰 무리를 짓는 남생이무당벌레. 오른쪽 월동 중인 왕침노린재

우살이다. 스스로 체온을 조절할 수 없어 주위의 온도에 따라 체온이 변하는 변온동물인 곤충은 기온이 영하로 떨어지면 체온도 급격하게 내려가게 된다. 날개를 움직이는 등 근육 운동으로 체온을 높이려 하지만 일시적일 뿐 온도 조절에도 한계가 있어 땅속으로 들어가거나 체온을 유지할 수 있는 곳으로 이동한다. 그래서 곤충이 벽 틈새나 집 안으로 들어오는 일은 이해 못 할 일도 아니다. 내쫓고 내쫓아도 어디선가 계속 기어들어오는 질긴 놈들이라 완전히 막을 수 없으므로 내 공간을 조금 양보하기로 마음먹고 자꾸 밖으로 내놓는 수밖에.

겨울철 집 안으로 들어오는 놈 가운데 꼽등이가 있다. 많은 사람이 꼽등이를 어둡고 습하고 더러운 곳에 서식해 몸에 각종 병균을 묻히고 다니는 해를 끼치는 해충이라고 생각한다. 껑충껑충 엄청난 높이로 뛰어오르는 꼽등이에 놀라기도 하고, 기형적으로 등쪽이 눈에 띄게 둥글게 툭 튀어나오고 더듬이가 긴 기괴한 모습이라 대부분 사람이 기겁한다. 게다가 기생충인 연가시와 연관지어 혐오스러운 곤충으로 인식해 반드시 없애야 할 위험한 곤충으로 알기도 한다.

그러나 꼽등이는 억울하다. 돌 틈이나 나뭇잎 밑에서 겨울을 나야 하는데 추워지면서 따뜻한 집 안으로 들어온 꼽등이 애벌레는 겨울 나겠다고 들어 온 실내가 오히려 습도가 낮아 연약한 껍질이 말라 죽고, 해충이라는 오해를 받아 맞아 죽는 참사를 겪는다. 딱히 인간에게 해가 되지 않아 사람과는 밀접한 관계가 없으며 작물의 해충도 아니다. 자연 상태에서는 썩은 잎이 쌓여 있고 습도가 높은 곳에 살며 대부분은 작은 곤충과 같은 동물성 먹이를 먹으나 식물성 먹이를 먹기도 하는 잡식성으로 생태계를 깨끗하게 청소해주는 청소부 구실을 하는, 오히려 유익한 곤충이다.

지난 여름 박물관 옆을 지나다 보니 생선 썩는 냄새가 진동했다. 늘 다니던 고라니가 보이지 않아 궁금했는데 뛰어 내려오다가 돌 계단에서 떨어지며 죽은 것 같았다. 고라니 사체를 열심히 먹고 있는 송장벌레를 보고 그대로 놔둔 채 며칠을 기다렸다. 썩은 유기물을 먹는 부식성 곤충인 송장벌레가 거짓말같이 털만 남기고 흔적도 없이 사체를 해체하여 처리했다.

∧ 왼쪽 겨울이 다가오자 꼽등이 등 따뜻한 곳을 좋아하는 곤충이 집안으로 몰려온다. 그러나 제대로 알면 이들을 혐오할 이유가 없어진다. 오른쪽 고라니 사체를 먹는 송장벌레
∨ 왼쪽 물장군을 먹고있는 넉점박이송장벌레. 오른쪽 개구리 사체를 굴리는 검정송장벌레

2010년 구제역 파동이 벌어졌을 때 소와 돼지 수백만 마리를 한꺼번에 매몰 처분하면서 3년만 지나면 썩어 없어질 것이라고 큰소리를 쳤었다. 그런데 2017년이 되어도 돼지, 소 사체가 살과 근육까지 거의 온전한 형체였다. 침출수 관측공에 들이댄 휴대용 유해가스 측정기의 경보음이 울리고 포름알데히드 등 독성 가스가 새어 나왔다. 이들을 처리해 줄 송장벌레나 꼽등이 같은 청소부 역할을 하는 곤충의 수가 절대 부족한 게 가장 큰 이유일 것이다.

모든 생물은 환경에 맞게 서식하고 살아간다. 사람이 그 잣대를 만들어서도 안 되고 그 잣대대로 생물에게 조건을 붙이지 않아야 한다. 올바르게 알면 무작정 '혐오나 비난'이 아닌 좋은 감정으로 받아들일 수 있다. 제대로 알지 못하면서 맹목적 집착으로 '나쁘다', '없애야 한다' 하는 마음을 갖게 되니 서로에게 독이다. 힘없고 말 못하는 생물을 보듬는 것은 결국 그들의 처지를 제대로 알고 이해하려고 노력하는 '사람' 몫이다.

붉은점모시나비는 지금…

아직도 울긋불긋한 높은 산마루가 곱지만 낮은 데로 눈을 돌려도 단풍이 아름답다. 가을이 깊어 가면 바짝 말라버리고 서걱거리는 다른 마른 풀과는 달리 땅바닥에 착 달라붙어 있는 기린초는 잎을 빨갛게 물들인다. 붉게 물든 기린초에 하얀 서리꽃이 활짝 피었다. 기린초가 차가운 날씨에 어는 듯싶다가 오히려 서릿발을 녹이며 묵은 단풍잎을 둔 채 겨울 햇살로 새싹을 밀어 올리고 있다. 겨울 이맘때쯤 새싹이 나오는 기린초와 새싹을 마음대로 먹고 벌이나 파리에게 기생 당하지 않으려 영하의 날씨에 알을 깨고 나오는 붉은점모시나비 애벌레는 이렇게 같이 간다. 계절을 앞서 생명 활동을 시작하는 기린초와 붉은점모시나비 애벌레는 추위 앞에 장사다.

아침 기온이 영하 3.7℃였던 10월 31일, 붉은점모시나비 1령 애벌레가 알 속에서 꼬물꼬물 기어 나와 기린초 새싹에 몸을 척 걸치고 일광욕을 즐기고 있다. 2012년부터 알에서 부화하는 시점을 조사하고 있는데 불과 6년 만에 한 달여나 빨리 알을 깨고 나오고 있다. 기후가 어떻게 변하는지 세상이 어디로 가고 있는지 보이지 않은 세상 변화가 궁금하기도 하고 놀랍기도 하다.

붉은점모시나비 부화일

	2012-13년	2013-14년	2014-15년	2015-16년	2016-17년	2017-18년	2018-19년	2019-20년
첫부화일	11.29	11.22	11.11	11.8	11.3	10.31	11.15	11.7
가장 많이 부화한 날	12.16	12.16	12.31	1.6	12.30	11.17	11.20	12.25

∧ 붉은점모시나비의 첫부화일과 가장 많이 부화한 날의 변화. 해마다 앞당겨지고 있다.

1 겨울을 맞은 기린초는 땅바닥에 달라 붙어 붉게 물든다.
2 기린초의 붉은 잎에 서리꽃이 피었다.
3 붉은 기린초의 어린 순 위에서 붉은점 모시나비의 1령 애벌레가 꼬물거린다.

차가운 계곡 속의 날도래와 강도래

한겨울에도 활발히 활동하다

아침 기온이 벌써 영하 11.8℃. 텔레비전에서는 대관령이 영하 11.3℃를 기록하며 올 늦가을 들어 가장 춥다고 방송하지만, 연구소 아침은 더 춥다. 가을을 보내기 싫어 자꾸 늦가을이라 하지만 겨울에 들어선 입동(立冬)이 지난 지 한참이어서 아무리 앙탈을 부려도 이제 때는 겨울이다. 늘 계절을 앞당겨 쓰는, 강원도 오지에 있는 연구소는 반짝 추위가 아니라 추위에 추위가 더해 쌓이면서 이미 본격적인 겨울이다.

첫눈이 내린다는 소설(小雪). 문득 그리워했던 첫눈이 날린다. 떨어진 붉고 누런 낙엽이 퀼트 조각 같이 예쁜 무늬를 만들어 그냥 놔두었는데 내린 눈으로 덮였다. 세상 모든 생물이 하얀 눈으로 덮여 잠깐이나마 평등하게 대우받는 것처럼 보인다.

찬바람 불고 건조한 요즘에 땅바닥에 딱 붙어 겨울을 견디

∧ 왼쪽 한겨울에도 얼지 않는 흘로세생태보존연구소 옆 계곡 하천은 물속 생물들의 소중한 피난처이다. 오른쪽 눈 속에 파묻힌 왕오색나비, 홍점알락나비 애벌레

며 사는 민들레나 달맞이꽃에게 하얀 눈은 녹으면서 천천히 스며들어 목마름을 채워주는 샘물이다. 팽나무 잎에 붙어서 바닥으로 떨어져 겨울을 나는 왕오색나비와 홍점알락나비 애벌레들은 배고픈 쥐나 새의 먹이가 될 수밖에 없다. 이들에게 흰 눈은 은신처를 만들어주고 차가운 기운을 잠시라도 녹여주는 따뜻한 이불도 된다. 하얀 눈은 축복이다.

꿈 좇아, 곤충 따라 깊은 골짜기로 온 지 스무 세 해. 자연을 닮아 때를 알고 때에 맞춰 사는 법을 알게 됐다고 생각했는데 아직도 맞추기가 쉽지 않다. 산속 겨울 채비는 김장으로 시작되는데, 다섯 달 양식인 김장을 하려고 심은 배추는 때를 맞추지 못해 어정거리다가 겨울 한복판에 훅

들어서면서 거둘 엄두도 못 낸 채 거적으로 덮어만 두었다. 배추가 얼어 거의 물거품이 되었지만 그래도 잘 버틴 놈 골라서 내일 김장을 하려고 준비했다.

맨살 드러낸 나무들로 속이 텅 비어 있던 겨울 숲엔 그동안 보이지 않았던 목숨이 보인다. 갈색쐐기나방, 노랑쐐기나방, 배나무쐐기나방 등 쐐기나방과(科) 딱딱한 고치들은 자신을 마음껏 드러내놓고 겨울을 나고 있다. 비단실로 주변의 나뭇잎과 어린 가지로 촘촘하게 엮어 따뜻하게 겨울을 나고 있는 주머니나방 애벌레의 이동식 은신처인 주머니도 잘 보인다. 워낙 질기고 강해 손으로는 찢을 수 없고 칼이 있어야 겨우 흠집을 낼 수 있을 정도니 그깟 추위야 만만하다. 보온 작용을 하는 거품으로 알집을 만들어 이제는 천적까지 물리칠 수 있는 딱딱한 보호벽이 된 사마귀 알집. 모두 안전 가옥에서 겨울을, 천적을 두려움 없이 마주하고 있다.

햇볕 한 줌 들지 않던 계곡에 잎이 떨어져 헐거워진 나무 사이로 햇볕이 들어오면서 오히려 따뜻해지고 있다. 물에 기대어, 물속 돌에 몸을 의탁하고 사는 물속 곤충들은 비로소 활동을 시작한다. 계곡 주변 나무가 떨어뜨린 나뭇잎이 썩으면서 좋은 먹이가 되고 얼지 않고 흐르는 물의 양도 일정해 활동하기 '딱 좋은' 시절이다.

연구소를 끼고 흐르는 계류는 남한강 최상류에 위치하여 물속에 녹아 있는 산소가 매우 많은 초일급수로 맑은 물에 사는 수서생물엔 가장 좋은 서식처다. 여울과 소가 반복되고 수심이 달라 공간적으로도 분리되

∧ 사람의 산속 월동에 꼭 필요한 김장을 하기 위해 배추를 고르고 있다
∨ 왼쪽부터 단단한 고치로 월동하는 노랑쐐기나방 고치, 주머니나방 애벌레의 집, 좀사마귀 알집

어 있어 양서·파충류와 민물고기, 수서곤충 등 다양한 생물들이 서식한다. 연구소가 소재한 '갑천(甲川)'이라는 지명이 말해주듯 가뭄 때도 물이 마르지 않고 한겨울에도 얼지 않으니 물에 사는 생물들에겐 가장 안정적인, 으뜸가는 '살 데'이다.

특별한 날이 따로 있지는 않지만 겨울 방학이 되면 숲을 찾아 도심을 떠나온 아이들로 깊은 산속 연구소가 떠들썩했다. 깊은 산 차가운 계곡물이 낯설기만 했을 텐데 어느 순간 몸속에 흐르는 야성을 발휘하여 얼음장 계곡 물에 발을 담근다. "아, 차가워!" 아이들의 환호성이 물소리 따라 산속을 울린다. 연신 소리를 질러대면서도 한겨울 계곡에서 돌을 뒤집어 곤충 채집을 하던 아이들에게 시간이 멈춰 선다. 귀여운 놈들. 그놈들이 벌써 시집·장가를 간다.

처음에는 차가운 물속에 들어가는 걸 엄두도 못 내다가 시간이 흐르면서 자연스레 차가운 계곡 물에 젖으면서도 너나 할 것 없이 아이들은 행복해했다. 어느 정도 채집 방법을 터득한 후에는 숨은그림찾기 하듯 돌 밑, 계곡 바닥에 몸을 웅크리고 보호색을 띠고 있는 물속 생물을 찾아내고 물속 세계를 확인하고는 자신들 스스로 뿌듯해한다. 불과 2시간여 만에 월동 중인 북방산개구리와 민물고기인 버들치와 돌고기, 수서곤충인 각다귀와 물자라까지 골고루 채집하며 물 밖은 영하 20℃라는 사실에 놀라고, 얼지 않는 계곡 물에 두 번 놀라고, 그렇게 많은 생물이 한겨울에 활동한다는 사실에 세 번 놀란다.

채집한 생물 가운데 생소한 곤충을 뽑으라면 아마 날도래와 강도래일

∧ 겨울 방학을 맞아 하천에서 물속 생물 조사를 하느라 신난 학생들

것이다. 잘 알려지지 않은 곤충인 데다, 날도래와 강도래라는 수서곤충은 청청한 1급수 지역에서만 서식하므로 좀처럼 관찰하기도 어렵기 때문이다.

날도래 애벌레는 손재주(사실은 입재주)가 무척 뛰어난 물속 건축가다. 육지의 주머니나방처럼 입 밑의 실샘에서 나오는 비단실로 주변의 나뭇잎이나 작은 자갈 혹은 나뭇가지를 붙여 자신이 살 집을 스스로 만드는데, 종류에 따라 모양이나 재료가 천차만별이라 집만 봐도 대충 어느 종류인지 분류가 가능하다. 작은 자갈을 자잘하게 붙인 가시우묵날도래, 바수염날도래 집이 있고, 긴 나뭇가지를 붙여 만든 띠우묵날도래 그리고 작은 나무 부스러기를 모아 붙인 둥근날개날도래 집, 나무 조각과 자갈을 섞어 만든 검은날개우묵날도래 집 등 형태와 재료가 다르다. 날도래의 집은 천적으로부터 몸을 지켜줄 뿐만 아니라 물 밑바닥에 단단히 붙어 있을 수 있도록 도와주는 지지대 역할을 한다.

이에 비해 집을 만들지 않는 강도래 애벌레들은 겁이 없는 편이다. 점등그물강도래 애벌레는 날도래보다 몸집도 크고 무늬도 화려한 편이다. 갑옷을 입혀 놓은 듯 튼튼해 보이는 외관에 부리부리한 눈, 두 개의 긴 꼬리, 굵직굵직한 다리는 겁날 게 없어 보인다. 강도래 애벌레 역시 물을 떠나 살 수 없지만, 물살 앞에서는 약할 수밖에 없다. 몸을 지탱해 줄 집이 없는 대신 유속이 빠른 계곡에서 물살에 쓸려 내려가지 않도록 돌이나 바닥에 붙어 있기 위해서 몸이 납작하다. 물살 빠른 계곡에 사는 강하루살이, 어리장수잠자리도 납작한 몸으로 바짝 엎드려 산다.

며칠 전 세계적 희귀종이면서 멸종위기종으로 지정된 '갯게'가 한려해상국립공원 남해군 인근 갯벌에 보금자리를 마련했다는 반가운 소식을 접했다. 개체수가 급격히 줄어 멸종위기종으로 지정되었는데 해안도로, 방파제와 같은 구조물을 없애고, 갯잔디를 심어 서식지를 확대하면서 '갯게'가 돌아왔다니 당연하다 싶으면서도 신기하다. 어디에서 겨우겨우 목숨을 연명하다가 '살 만하다'는 소식을 듣자마자 바로 우리 곁으로 오다니.

최소한 가만히 놔 두기만 해도 이렇듯 자연스럽게 어울려 잘 살 수 있는데, 강을 막고 산에 인공 구조물을 세우면서 무슨 녹색 성장을 바라는

∧ **왼쪽부터** 청정하천의 대표적인 물속 곤충인 강하루살이 애벌레. 가시우묵날도래 애벌레. 어리장수잠자리 애벌레

지! 산속 개울, 동네 앞산, 뒷산도 집이 들어서고 길이 나면서 모두 부서지고 있다. 골짜기마다 개울마다 숨어있던 생물들의 살 데가 없어지겠지! 오직 인간만이 세상의 중심이고 인류를 위해 모든 생물이 존재한다는 어처구니없는 생각을 버리고 모든 것과 함께하는 삶, 즉 만유공영(萬有共榮), 만물공생(萬物共生)의 녹색 철학이 간절하다.

두엄 더미에서 발견한 장수풍뎅이 애벌레

풀만 먹인 소똥 속 작은 생태계를 발견하다

하루 종일 영하. 캄캄한 밤 같은 새벽. 멈춘 듯 고요하다. 숨관을 수면 위로 내밀어 호흡하는 물장군은 월동시키고 있는 케이지 수면이 얼면 몰살하므로 물장군 실험실이 가장 위험하다. 기후변화 실험을 위해 제주도를 비롯한 남쪽 지역에서 들여 온 아열대성 식물이 얼어버리면 이들 식물을 먹고 사는 애벌레들도 줄초상을 치른다. 물장군 실험실과 따뜻한 곳에서 사는 식물의 월동형 온실이 얼지 않도록 바람을 막고 온도를 유지하느라 한겨울 새벽 일은 더욱 많아진다. 실험실과 온실을 오갈 때 새벽 밤의 차디찬 공기와 가슴 시리게 하는 하얀 눈발이 어우러져 목덜미가 싸하고 귀와 얼굴이 얼얼하다.

내복을 입은 모습을 아내나 아이들이 보면 약한 모습이 들통날까 내복 입기를 꺼렸다. 그러나 남성미를 자랑하기에는 강원도 산속은 너무 춥고 세월 앞에 장사 없다. 비록 약한 남

자가 되었을망정 빨간 내복을 입으면 웅크리지 않고 겨울철 혹독한 추위와 교감을 나눌 수 있어 그나마 다행이다. 아! 정말 춥다.

속이 별로 차지 않았으나 직접 농사지은 배추 40포기와 염장(鹽藏)한 배추 50포기 그리고 무 40개를 씻어 배추 속 양념 버무려 김장을 했다. 마침 찾아온 군대 후배 부부와 연구원이 합심하여 다섯 달 양식인 김장을 해 아슬아슬하게 겨울 채비는 끝냈다.

야간 조사를 위해 유인등(light trap)을 켜자 겨울 숲의 추위를 아랑곳하지 않고 얇은 날개를 팔랑거리며 참나무겨울가지나방이 스크린에 앉는다. 추운 겨울인 11월에서 12월까지, 아주 이른 봄인 2월에서 3월에 활

∧ 연구소의 겨울나기 준비, 김장

동하는 겨울자나방 종류(*Alsophila*)는 대부분 생물이 적응하기 힘들어 피하는 추위를 이용해 짝을 짓고 번식하는, 이름 그대로 겨울을 사랑하는 나방들이다(Also는 추운, phila는 좋아한다는 뜻이다). 볕 좋은 날 해바라기로 잠깐 체온을 올려 날아다니는 큰멋쟁이나비와는 달리 영하의 겨울에 주로 활동하며 추위를 무색하게 한다. 극한 조건의 겨울 속에서 발육하고 있는 붉은점모시나비 애벌레도 벌써 통통해졌다.

매서운 추위라 생태계가 텅 비어있는 것 같지만 연구소 겨울 숲은 살아있다. 지난여름 번개 맞은 소나무와 자연스럽게 생을 마감하고 쓰러진 신갈나무의 굵은 줄기가 반쯤 썩어 낙엽과 섞여 흙처럼 분해된 토양에 곤충이 가득하다. 죽은 소나무 껍질 아래 안쪽을 움푹 파서 동그란 집을 만들어 그 안에서 단잠을 자고 있는 소나무하늘소가 보이고 소나무비단벌레 애벌레와 홍날개 애벌레가 소나무 껍질 아래 납작하게 엎드려 겨울을 나고 있다. 왕바구미 애벌레, 산맴돌이거저리 애벌레는 나무 속으로 더 깊이 파고 들어가 죽은 듯 꼼짝 않고 겨울을 나고 있다.

오늘은 대설(大雪). 이름 값을 하며 큰 눈이 내렸다. 이름에 걸맞게 밤새 큰 눈이 내려 온통 하얀 눈 세상, 환한 설국(雪國)이다. 겉으로 봐서는 지난 절기인 소설과 크게 달라 보이지 않지만 추위의 강도가 다르다. 하루 종일 영하인 날이 벌써 나흘 째.

눈, 비 같은 자연 현상에 일상이 어려워지는 시기이기도 하다. 이십여 년 고도로 훈련된 나는 괜찮았지만 운전병 출신이라며 눈길을 무서워하지 않던 연구원 한 명은 눈길에 미끄러져 산길 옆 구덩이에 새로 산 승용

∧ 왼쪽 참나무겨울가지나방. 오른쪽 한겨울 유인등에도 나방이 날아든다. 12월 1일의 채집 모습이다.
∨ 왼쪽 소나무비단벌레 애벌레. 오른쪽 소나무하늘소

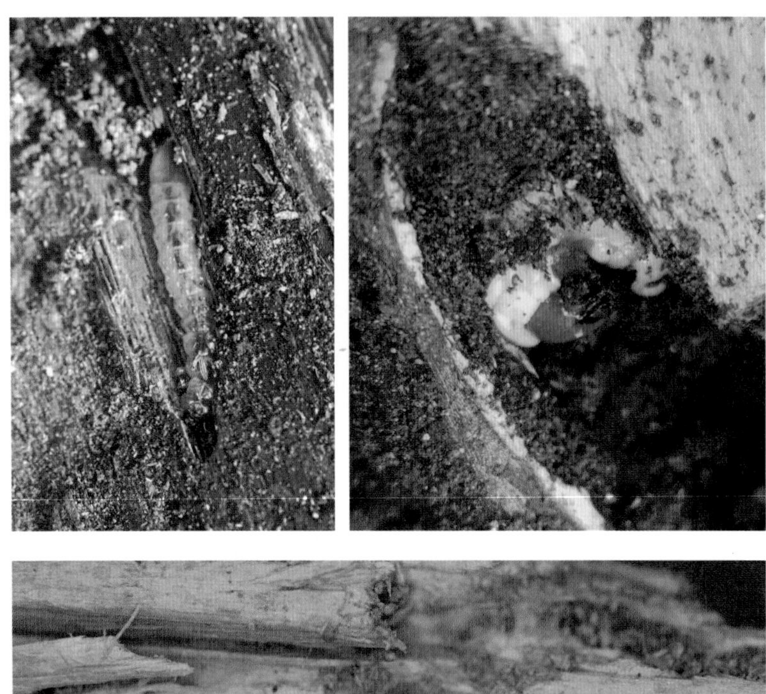

∧ 왼쪽 홍날개 애벌레, 오른쪽 톱사슴벌레 애벌레
∨ 산맴돌이거저리 애벌레

차를 빠뜨리는 호된 신고식을 치렀다. 그나마 반대편 계곡 옆이 아니어서 큰 사고는 발생하지 않았지만 놀란 가슴을 쓸어내린다. 눈길에, 꽝꽝 언 얼음에 겨울의 한 복판이다.

곤충의 식성은 까다로워 자기만의 특별한 먹이식물이 있다. 20여 년간 1000여 종의 나비목(나방, 나비) 애벌레를 키우면서 애벌레가 고집하는 먹이식물을 탐색한 결과, 수많은 식물을 먹지만 그 가운데 참나무속(*Quercus*)과 버드나무속(*Salix*), 단풍나무속(*Acer*) 그리고 벚나무속(*Prunus*)이 가장 선호하는 식물이었다. 연구소에는 참나무속, 버드나무속, 단풍나무속 식물은 충분했지만 벚나무속은 17과 210종의 애벌레를 키우기에 턱없이 부족하다. 먹이식물도 보충할 겸 이른 봄 꿀이 많이 부족할 때 진달래와 어울려 꿀 찾아 나서는 많은 곤충들에게 일용할 양식을 주고 열매도 얻을 수 있는 매실을 심었다.

이 무렵은 24절기 중 농한기(農閑期)라 하지만 사실 봄을 준비하며 식물을 키워줄 땅이 비옥하게 밑거름을 하는 중요한 시기이기도 하다. 이식(移植)에 대한 거부반응 없이 가뭄을 잘 이겨 낸 매실나무 밑에 퇴비를 주려고 두엄을 뒤집었다. 연구소 두엄은 소 2마리가 방목지를 휘저으며 신나게 먹고 열심히 싼 신선하고 건강한 소똥을 모두 수거하여 멸종위기 곤충인 애기뿔소똥구리의 식사로 사용할 것은 우선 소똥구리 실험실로 챙겨두고 나머지를 한곳에 모아 만든다.

두엄더미를 크게 한 삽 뜨자 생각지도 못했던 반가운 손님이 나타났다. 굵고 탱탱한 장수풍뎅이 애벌레가 옹기종기 모여 겨울을 나고 있었다. 햇볕이 들지 않아 눅눅한 바닥까지 소똥을 퍼낼 때마다 몇 마리씩 계속 나와 콩 줍듯이 신나게 주워 담아보니 300마리가 넘었다. 주로 실험실에서 발효 톱밥을 이용해 사육했던 장수풍뎅이 애벌레가 소똥 속에, 그것도 야생에서 서식하고 있다는 사실에 깜짝 놀랐다.

사료를 주식으로 하는 소와 달리 방목지에서 풀만 먹는 연구소 소똥에는 미처 소화되지 않은 식물성 섬유가 풍부해서 장수풍뎅이 애벌레들이 먹을 게 충분했던 것 같다. 주로 남부 지방에 서식하는 장수풍뎅이가 추운 강원도까지 진출하다니. 두엄 속 소똥이 발효하면서 따뜻해진 열기로 살만한 서식지가 된 것 같기도 하고, 확실하진 않지만 기후변화의 영향도 있는 것 같다. 좋은 밥을 먹고 자라서 그런지 불그스름한 구릿빛에 최고 몸집을 갖고 있었다. 몸의 주름은 깊고 '근육질 몸매'처럼 탄탄해 보였다.

장수풍뎅이는 주로 오래 된 나무가 썩으면서 생기는 부산물을 먹으며 사는 부식성 곤충이다. 봄부터 소똥을 쌓아둔 두엄이 푹 썩어 흙처럼 분해되고 숙성된 토양에서 서식하는 멋진 순환의 고리를 보고 과연 환경 친화적인 것이 모두에게 얼마나 좋은 일인지 새삼 실감하게 된다. 풀만 먹은 소의 깨끗한 똥이라 잘 썩혀두기만 하면 훌륭한 밑거름이 되니 하나도 버릴 게 없다. 건강한 소똥 덕분에 애기뿔소똥구리가 잘 자라 개체수도 늘고, 장수풍뎅이의 애벌레 먹이까지 되니 금상첨화다.

똥을 흙으로, 쓰러져 생을 다한 식물을 형체도 없이 분해해 다시 흙으로 되돌리는 토양 곤충 덕분에 자연의 순환이 순조롭다. 삶과 죽음이 서

∧ 방목한 소똥을 모은 두엄더미에 장수풍뎅이 애벌레가 잔뜩 생겼다.

로 기대고, 시시콜콜 사소한 것들이 쌓여 어느 순간 스스로 자신의 생태적 지위(ecological niche)를 마련한다. "그 어려운걸 해냅니다." 자연의 숨은 일꾼들이 기특하다.

소똥구리 기르다
키우게 된 소

신선한 소똥으로 애기뿔소똥구리를 지키다

눈과 얼음으로 뒤덮인 연구소는 북극의 어느 외딴곳 같다. 겨울이라는 이름에 걸맞은 영하 15~17°C의 혹독한 추위가 열흘 이상 이어지고, 햇살은 투명하지만 어둠이 깊고 깊어 온통 침묵의 시간이 계속된다. 겨울 끝에 다다라 힘을 다해 내일부터 얼음은 녹을 것이고 해가 길어질 것이다. 오늘은 동지(冬至).

녹색의 숲이 아닌 얼음과 발목이 푹푹 빠지는 눈이 어우러진 흑백의 생태계라 담백하다. 얼음과 눈이 압도하는 혹한의 겨울이지만 강인한 생명력을 지닌 빙하기 곤충인 붉은점모시나비 애벌레가 씩씩하게 몸을 놀린다. 극한의 매섭고 차가운 바람을 맞고 저 애벌레들은 어떻게 살아갈 수 있을까, 하는 인간적인 걱정이 앞서지만 그들은 오히려 이러한 추위가 필요하다.

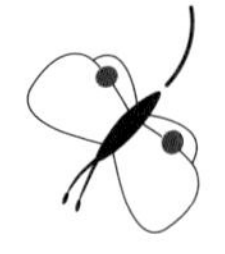

소똥구리 취재차 연구소에 방문한 방송국 드론으로 눈 덮인

∧ 드론으로 촬영한 홀로세생태보존연구소 전경

아름다운 흰색 세상을 하늘에서 본다. 깨끗한 겨울의 햇빛을 받아 비단처럼 눈부시게 반짝이지만 눈을 돌려 연구소 실험실을 바라보면 '일'이 된다. 망으로 씌운 야외 곤충실험실은 자칫 무거운 눈 무게에 무너질 수 있어 아침부터 밤까지 망 위의 눈을 털어내느라 연구소 모든 식구가 총출동이다. 촘촘하게 파이프로 살을 넣어 튼튼하게 만들었지만 지름 30m에 높이가 15m이니 눈이나 눈이 녹아 언 얼음이 얹히게 되면 폭삭 주저앉을 수밖에 없다. 손이 닿지 않는 높은 곳을 털어내려면 긴 장대에 솜뭉치를 달아 위를 쳐다보며 털어내야 하니 목은 비틀리고 손목은 시큰거린다.

∧ 눈에 덮인 야외 곤충실험실
∨ 야외 곤충실험실의 지붕이 무너지지 않도록 눈과 얼음을 털어내는 것도 큰 일이다.

눈 내리면 쌓이는 눈, 꼭 그만큼 힘이 들고 고생을 하지만 그래도 '눈' 참 예쁘다!

12월부터 2월 말까지 횡성 한우 '코프리스'와 '업쇠'는 특별히 신경 써야 한다. 한겨울에는 방목지에 나가 마음껏 풀을 뜯어먹지 못하므로 양껏 먹을 수 있도록 축사에서 삼시 세끼 꼬박 챙겨주어야 하고, 요즘처럼 강추위가 계속되면 먹는 물이 얼어버려 수시로 보온 물통에 미지근한 물을 보충해 주어야 한다. 애기뿔소똥구리의 신선한 먹이 때문에 키우지만 사실은 소똥구리 키우는 일이 소를 키우는 일과 같으므로 똑같은 대우를 받는다.

2017년 환경부가 '멸종위기 야생생물 Ⅱ급 소똥구리 5,000만 원어치 삽니다' 공고를 낸 이후로 폭발적인 국민적 관심과 오해를 받고 있다. 그 많던 소똥구리는 어디로 갔고 왜 멸종되었나? 그 중요하고 어려운 일을 국가 간 양해각서를 통해 도입이 가능할 텐데 굳이 민간을 통해서 사는 이유는 무엇인가? 가축 전염병 가운데 가장 위험한 A급 바이러스로 지정된 구제역이나 인수공통전염병인 브루셀라 등 잠재적 위험이 큰 병을 매개할 수 있는 소똥구리를 왜 도입하려 하는가? 크게 3가지 질문으로 요약된다.

소는 늘어나는데 소똥구리는 줄어들거나 멸종한다? 그중에서도 똥을 굴리는 소똥구리만 왜 멸종했는지 궁금한데 답은 주지 않고 사행심만 조장하는 이벤트가 되어 버렸다. 몽골에서 가져와도 됩니까? 몇 달 전에

시골 마당에서 소똥구리를 봤는데요. 진짜 5,000만 원 줍니까?

사실 소똥구리는 고단하다. 초식 동물 배설물이 풍부한 드넓은 서식지가 살 곳인데 마음 놓고 편안히 살 데는 없다. 소를 살찌우겠다고 비좁은 축사에 모두 집어넣고 동물성 사료를 주면서 소가 미쳤고, 동물성 사료를 주지 못하게 막으니 대체한다고 곡물 사료를 주는데 이 또한 초식성 동물인 소에겐 맞지 않는 사육 방법이다. 곡물 사료를 먹은 소의 똥은 먹을 수 없어 소똥구리는 허기지다.

신선한 똥을 찾기도 힘들뿐더러 똥 먹는 집파리와 똥파리는 너무 많고 강해 먹이인 똥을 뺏기기 일쑤다. 가까스로 똥을 구해도 빨리 말라버려 오랫동안 먹을 수 있는 상태가 아니다. 그래서 똥 먹는 소똥구리들은 똥 덩어리가 말라붙어 못쓰기 전에 잘 먹을 수 있는 특이한 저장 행동을 한다.

어떤 놈은 똥 덩어리를 둥글게 말아 멀리 굴려간 뒤에 땅 밑에 묻고(소똥구리, 왕소똥구리), 어떤 놈은 똥 밑으로 굴을 미리 파고 터널 맨 끝에 동그란 똥 덩어리를 채워 넣는다(뿔소똥구리, 애기뿔소똥구리). 또 어떤 놈은 똥 속에서 경단을 만들어 직접 알을 낳는다(창뿔소똥구리). 이렇게 하면 똥을 더 오래 먹을 수 있고, 자기가 원하는 자신만의 서식지도 만들뿐만 아니라 새끼를 천적으로부터 보호할 수 있는 지하 벙커를 세우는 셈이다. 힘들게 똥을 지고 나르고 땅을 파는, 수고를 마다치 않는 까닭이다.

이른 아침과 늦은 오후에 활동하는 소똥구리와 왕소똥구리는 눈에 잘

∧ 왼쪽 환경부가 공개입찰로 종 복원을 위해 몽골에서 구입한 소똥구리. 한때 흔했지만 멸종한 것으로 보인다. 오른쪽 멸종위기 야생동물 Ⅱ급으로 지정돼 보호받고 있는 애기뿔소똥구리. (사)홀로세생태보존연구소는 이 곤충의 서식지외보전기관으로 증식과 복원 사업을 한다.
∨ 방목지에서 애기뿔소똥구리와 함께 발견되지만 개체수는 더 없는 뿔소똥구리

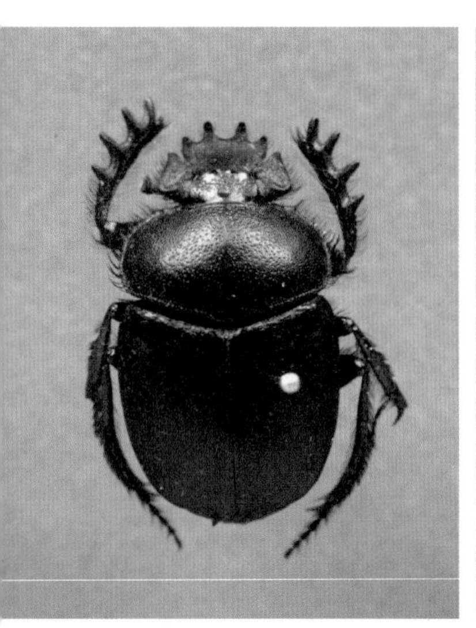

∧ 왼쪽 왕소똥구리. 과거엔 한반도에 흔했지만 이제는 사라졌다. 오른쪽 소똥 경단 속에서 태어난 애기뿔소똥구리 애벌레
∨ 왼쪽 창뿔소똥구리 애벌레. 배설물 속에서 경단을 만들어 알을 낳는다. 오른쪽 창뿔소똥구리

띄므로 천적인 새들에게 좋은 먹이가 된다. '먹을 게 부족해 몇 마리 없는 데다가 소 꽁무니 쫓아다니며 소똥구리 잡아먹는 백로가 이들을 멸종시킨 게 아닌가' 하는 생각을 해 본다. 밤에 활동하며 이동을 하지 않아 잘 드러나지 않는 뿔소똥구리, 애기뿔소똥구리가 그나마 조금 살아남아있는 것을 보면 그렇다. 그러나 소를 비육하기 위해 축사에 가둬놓고 곡물 사료로 키우면 먹을 수 있는 신선한 소똥 자체가 없어지므로 결국 멸종할 것이다. 이들의 목숨을 담보할 수 없어 멸종위기종으로 지정한 것도 바로 그 이유에서다.

먹고, 새끼 키울 경단 만들고, 그 경단 속에서 애벌레가 먹고 다시 어른이 된다. 서식지이자 평생 먹거리인 소똥은 소똥구리에게 전부인데 구조적으로 해결하지 않고 어떻게 소똥구리를 키울 것인가? 고달프더라도 세월을 거꾸로 돌려 옛 방식으로 갯가에 매어놓거나 산에 풀어 놓고 키우는 수밖에.

2002년에 소를 방목해 키우겠다고 하자 동네 어른들은 그깟 벌레 때문에 하지 않아도 되는 일을 한다고 나무라기도 하고, 배보다 배꼽이 훨씬 더 클 거라고 걱정을 해 주셨다. 그러나 소똥을 구하러 이곳저곳의 방목지를 헤매며 애태우던 지난 세월을 돌이켜보면 어떠한 충고도 들리지 않았다. 신선한 소똥구리 먹이를 얻으려 방목하는 축산 농가의 허락을 어렵게 받아 소똥을 통 몇 개에 나누어 고개를 넘고 산을 지나 들고 다녔다. 구제역이나 브루셀라 같은 질병 때문에 늘 농장주의 눈치를 봐야 했고, 팔이 떨어질 것 같은 육체적 고통이 뒤따랐다. 지금은 1만여 평의 방목지에 소가 잘 놀고 있고, 그 소똥을 받아 애기뿔소똥구리가 잘 자라고 있다.

둘째 아이 대학 논술시험을 준비할 때 특별히 과외를 시키지 못해 미안한 마음에 자기 생각을 전하는 방법을 이야기해 주었다. 어떤 주제가 나오든 소똥구리 이야기로 묶으라고. 신선한 소똥을 만지며 앞으로 복원될 소똥구리 생각으로 행복했던, 아빠와 방목지를 돌아다니던 이야기를 썼다 한다. 소재가 특별했던지 서울교대에 입학했고 지금은 초등학교 선생님으로 재직하고 있다. 소똥구리가 준 은혜라 할 수 있다.

23년 전 다니던 직장을 그만두고 영국 유학을 추진했고 맨체스터와 랭카스터 대학의 입학 허가와 장학금을 받기로 했다. 그때, 지금은 돌아가신 장인어른이 극렬히 반대했다. 똥지게를 지더라도 내 나라가 낫지 외국은 안 된다며. 5년 정도 공부하고 다시 돌아올 거라고 해도 고집을 꺾지 않으셨다. 아마도 당신 딸이 고생할 걸 걱정하셨던 것 같은데. 꼭 그 이유만은 아니지만 유학을 중도에 포기하고 강원도 연구소를 차리게 됐다. 장인어른 말씀대로 지금도 똥지게를 지고 산다. 소똥구리 때문에.

Heliocopris dominus (Thailand)
코끼리 똥을 먹고 사는
세계에서 제일 큰 소똥구리(70-80mm)

Copris tripartitus
멸종위기종 야생생물 II급
애기뿔소똥구리(15-23mm)

∧ 방목지에서 만난 소들과 눈인사를 하고 있다.
∨ 세계에서 가장 큰 타이의 소똥구리는 애기뿔소똥구리보다 4~5배 크다.

참고문헌

Papers

E. S. Keum, Gen Takaku, K. W. Lee and C. E. Jung. 2016. New records of phoretic mites (Acari: Mesostigmata) associated with dung beetle (Coleoptera: Scarabaeidae) in Korea and their ecological implication. Journal of Asia-Pacific Entomology. 19: 353-357

Jae Dong Kim, K. W. Lee, K. T. Park. 2015. Three species of moths new to Korea (Lepidoptera). Journal of Asia-Pacific Biodiversity. 8(4): 390-393

K. T. Park, K. W. Lee & M. Kim. 2016. Description of two species of Gelechiidae and one new species of Depressariidae from Korea (Lepidoptera: Gelechioidea). SHILAP Revista de lepidopterologia. 44(176): 583-591

Kang-Woon Lee and Kyu-Tek Park. 2016. New records of three micro moths (Lepidoptera) from Korea. Korean Journal of Applied Entomology. 55(4): 517-521

Kang-Woon Lee, D. J. Lee and J. J. Ahn. 2014. Temperature-dependent development of overwintering *Sericinus montela* Gray (Lepidoptera:Papilionidae) pupae and its validation. Journal of Asia-Pacific Entomology. 17: 445-449

Taewoo Kim and Kang-Woon Lee. 2019. A New Record of *Palaeoagraecia lutea*(Orthoptera: Tettigoniidae: Conocephalinae: Agraeciini) in Korea. Anim. Syst. Evol. Divers. Vol 35, No. 3: 143-150

Young jin Park, Y. G. Kim, & K. W. Lee. 2017. Supercooling capacity along with up-regulation of glycerol content in an overwintering butterfly, *Parnassius bremeri*. Journal of Asia-Pacific Entomology. 20: 949-954

Reports

Kang-Woon Lee. 2009. Study on Climate Change and Prediction of Ecosystem Change by Monitoring of 3 Species Emergence in Family Papilionidae (Lepidoptera: Papilionoida). WonJu Ministry of Environment.

2012. Larvae Identification and Specimen Security of Primary Endemic Moths in Korea Peninsula through Rearing(I). National Institute of Biological

Resources.
2013. Larvae Idenification and Specimen Security of Primary Endemic Moths in Korea Peninsula through Rearing(Ⅱ). National Institute of Biological Resources.
2013. Study on Insect(Lepidoptera) Emergence Pattern and Prediction of Ecosystem Change in the Perspective of Climate Change. National Institute of Biological Resources.
2014. Larvae Identification and Specimen Security of Primary Endemic Moths in Korea Peninsula through Rearing(Ⅲ). National Institute of Biological Resources.
2014. Study on Insect(Lepidoptera) Emergence Pattern and Prediction of Ecosystem Change in the Perspective of Climate Change. National Institute of Biological Resources.
2015. Larvae Identification and Specimen Security of Primary Endemic Moths in Korea Peninsula through Rearing(Ⅳ). National Institute of Biological Resources.
2016. Estimation of Population Size of *Parnassius bremeri*(Lepidoptera: Papilionidae) by using MRR method. Wonju Ministry of Environment.
2018. Larvae Identification and Specimen Security of Primary Endemic Moths in Korea Peninsula through Rearing(Ⅴ). National Institute of Biological Resources.
2019. Larvae Identification and Specimen Security of Primary Endemic Moths in Korea Peninsula through Rearing(Ⅵ). National Institute of Biological Resources.

Poster

Jae Rok Lee, Kang-Woon Lee, and Jeong Joon Ahn. 2014. Temperature effects on development on overwintering *Luehdorfia puziloi* (Erschoff) (Lepidoptera: Papilionidae) pupa. The 2014 KSAE Autumn Meeting and Symposium. P035, P 89.
Kang-Woon Lee and Oh Hyun Kwon. 2013. Biology and temperature effects on development on overwintering *Langia Zenzeroides* Moore(Lepidoptera: Sphingidae) pupa. The 2013 KSAE Autumn Meeting and Symposium. P130, P 186.
Kang-Woon Lee, Dong Jae Lee and Joon Ho Lee. 2012. Estimation of Effective

Population and Population Size of The Wild Silkmoths, *Actias artemis* (Butler et Grey)(Lepidoptera: Saturniidae). The 2012 KSAE Autumn Meeting and Symposium. P089, P 193.

Kang-Woon Lee, Dong Jae Lee and Rajala Dangol. 2013. Control of Invasive Alien Species (IAS) by Endangered Species *Lethocerus deyrollei* Vuillefroy(Hemiptera: Belostomatida). The 2013 KSAE Autumn Meeting and Symposium. P132, P 188

Kang-Woon Lee, Dong Jae Lee, Hong Yul Seo and Neung Ho Ahn. 2013. Species Diversity of caterpillars Feeding on the foliage Oak Trees (*Quercus* spp.) in the Korean Peninsula. The 2013 KSAE Autumn Meeting and Symposium. P131, P 187.

2013. Study on Emergence Pattern and Prediction of Insect(Lepidoptera: Papilionidae) in a Perspective of Climate Change. The 2013 KSAE Autumn Meeting and Symposium. P129, P 185

Kang-Woon Lee, Dong Jae Lee, Jeong Joon Ahn and Chuleui Jung. 2012. Temperature effects on development of everwintering *Papilio xuthus* Linnaeus(Lepidoptera: Papilionidae) pupae. The 2012 KSAE Spring Meeting and Symposium. P071, P 145.

Kang-Woon Lee, Dong Jae Lee, Sung Suk Jung and Ga Young Lee. 2012. The Impacts of Male Incubating Behaviour on Hatching Rate of Giant Water bug, *Lethocerus deyrollei* Vuillefroy (Hemiptera: Belostomatidae). The 2012 KSAE Autumn Meeting and Symposium. P062, P116.

Kang-Woon Lee, Gi Won Park and Chung Ryul Jung. 2016. Sex Pheromone as a tool to overcome *Parnassius bremeri* Bremer shortfall in conversation biology. (Lepidoptera: Papilionidea). The 2016 KSAE Spring Meeting and Symposium. P053, P93.

Kang-Woon Lee, Gi Won Park and Young Ja Kim. 2014. Biology and temperature effects on development on *Parnassius bremeri* Bremer(Lepidoptera: Papilionidae) Cocoon. URBIO 2014. 10-PO1.3-45, P 247

Kang-Woon Lee, Hyeon Gyu Yoon, Ki Gyung Kim and Hong Yul Seo. 2015. Species Diversity of Caterpillars Feeding on the foliage Wild peach (*Prunus* spp.) in the Korean Peninsula. The 2015 KSAE Autumn Meeting and Symposium. P082, P 155.

Kang-Woon Lee, Jeong Joon Ahn, Dong Jae Lee and Chuleui Jung. 2012. Effect of temperature on survival and development of overwintering *Papilio macilentus* Linnaeus(Lepidoptera: Papilionidae) pupae. The 2012 KSAE

Spring Meeting and Symposium. P070, P 144.
2012. Temperature effects on development on overwintering *Sericinus montela* Gray(Lepidoptera: Papilionidae) pupa. 2012 ICE.
Kang-Woon Lee, Kyoeng Woon Min. 2016. Estimation Population Size of *Parnassius bremeri*(Lepidoptera: Papilionidae) by using MRR method. The 2016 KSAE Autumn Meeting and Symposium. P002, P 37.
Kang-Woon Lee, Lee Jae Rok. 2015. Egg Viability of Red-spotted Apollo Butterfly, *Parnassius bremeri*(Lepidoptera: Papilionidae) in Korean Peninsula. The 2015 KSAE Autumn Meeting and Symposium. P081, P 154.
2016. Development and Effects on Heat Shock Stress of Phrate 1st instar larvae of *Parnassius bremeri*(Lepidoptera: Papilionidae) in Korean Peninsula. The 2016 KSAE Autumn Meeting and Symposium. P001, P 37.
Kang-Woon Lee, Park Gi Won. 2016. Species Diversity of Caterpillars Feeding on the foliage Maple tree(*Acer* spp.) in Korean Peninsula. The 2016 KSAE Autumn Meeting and Symposium. P003, P 38.
Kang-Woon Lee, You Kyeong Hong and Yong Gyun Kim. 2014. Insights of Polyol Production of *Parnassius bremeri* through transcriptome analysis. The 2014 KSAE Autumn Meeting and Symposium. P146, P 200.
Kang-Woon Lee, Youngjin Park and Younggyun Kim. 2015. Genes Associated with Glycerol Biosynthesis in the Red-Spotted Apollo Butterfly, *Parnassius bremeri* in Korea. The 2014 KSAE Spring Meeting and Symposium. O013, P 69.
Kyoung Nan Park, Kang-Woon Lee and Hong Yul Seo. 2014 Species Diversity of Caterpillars on Feeding on the foliage Willow Trees (*Salix* spp.) in the Korean Penninsula. The 2014 KSAE Autumn Meeting and Symposium. P024, P 78.
Lee Jae Rok, Kang-Woon Lee. 2016. Microstructure and viability of chorion of *Parnassius bremeri* Bremer(Lepidoptera: Papilionidae) in Korean Peninsula. The 2016 KSAE Spring Meeting and Symposium. P 053, P 93

Books

Kang-Woon Lee. 2016. Caterpillars of Moths in Korean Peninsula Ⅰ. Holoce Publication.
2017. Caterpillars of Moths in Korean Peninsula Ⅱ. Holoce Publication.
2019. Caterpillars of Moths in Korean Peninsula Ⅲ. Holoce Publication.

이강운 박사의 24절기 생물노트

붉은점모시나비와

곤충들의 시간

Seasons of Insects with
the Red-spotted Apollo Butterfly

초판 1쇄 인쇄 2020년 6월 5일
초판 1쇄 발행 2020년 6월 22일

지은이 이강운

펴낸곳 지오북(GEOBOOK)
펴낸이 황영심
편집 전슬기
디자인 권지혜

주소 서울특별시 종로구 새문안로5가길 28, 1015호
(적선동 광화문플래티넘)
Tel_02-732-0337 Fax_02-732-9337
eMail_book@geobook.co.kr
www.geobook.co.kr
cafe.naver.com/geobookpub

출판등록번호 제300-2003-211
출판등록일 2003년 11월 27일

© 이강운, 지오북(GEOBOOK) 2020
지은이와 협의하여 검인은 생략합니다.

ISBN 978-89-94242-70-5 03490

이 책은 저작권법에 따라 보호받는 저작물입니다.
이 책의 내용과 사진 저작권에 대한 문의는 저작권자와 지오북(GEOBOOK)으로 해주십시오.

이 책의 간지와 본문의 제목 서체는 (사)세종대왕기념사업회에서 개발한 문화바탕체입니다.

이 도서의 국립중앙도서관 출판예정도서목록(CIP)은 서지정보유통지원시스템 홈페이지
(http://seoji.nl.go.kr)와 국가자료종합목록시스템(http://www.nl.go.kr/kolisnet)에서 이용하
실 수 있습니다.(CIP제어번호: 2020019702)